# もくじと学しゅうの記ろく

| | | 学しゅう日 | 学しゅう日 | とく点 |
|---|---|---|---|---|
| 1 10000までの 数 ……………………… 2 | 標準クラス / | ハイクラス / | 点 |
| 2 たし算と ひき算の 文しょうだい ① ……… 6 | 標準クラス / | ハイクラス / | 点 |
| 3 たし算と ひき算の 文しょうだい ② … 10 | 標準クラス / | ハイクラス / | 点 |
| 4 ( )の ある しき…………………… 14 | 標準クラス / | ハイクラス / | 点 |
| チャレンジテスト ① …………………… 18 | | / | 点 |
| チャレンジテスト ② …………………… 20 | | / | 点 |
| 5 かけ算の 文しょうだい ① …………… 22 | 標準クラス / | ハイクラス / | 点 |
| 6 かけ算の 文しょうだい ② …………… 26 | 標準クラス / | ハイクラス / | 点 |
| 7 分数………………………………… 30 | 標準クラス / | ハイクラス / | 点 |
| チャレンジテスト ③ …………………… 34 | | / | 点 |
| チャレンジテスト ④ …………………… 36 | | / | 点 |
| 8 時こくと 時間…………………… 38 | 標準クラス / | ハイクラス / | 点 |
| 9 長さ……………………………… 42 | 標準クラス / | ハイクラス / | 点 |
| 10 かさ……………………………… 46 | 標準クラス / | ハイクラス / | 点 |
| 11 ひょうと グラフ………………… 50 | 標準クラス / | ハイクラス / | 点 |
| チャレンジテスト ⑤ …………………… 54 | | / | 点 |
| チャレンジテスト ⑥ …………………… 56 | | / | 点 |
| 12 三角形と 四角形 ① …………… 58 | 標準クラス / | ハイクラス / | 点 |
| 13 三角形と 四角形 ② …………… 62 | 標準クラス / | ハイクラス / | 点 |
| 14 はこの 形………………………… 66 | 標準クラス / | ハイクラス / | 点 |
| チャレンジテスト ⑦ …………………… 70 | | / | 点 |
| チャレンジテスト ⑧ …………………… 72 | | / | 点 |
| 15 いろいろな もんだい ① …………… 74 | 標準クラス / | ハイクラス / | 点 |
| 16 いろいろな もんだい ② …………… 78 | 標準クラス / | ハイクラス / | 点 |
| 17 いろいろな もんだい ③ …………… 82 | 標準クラス / | ハイクラス / | 点 |
| チャレンジテスト ⑨ …………………… 86 | | / | 点 |
| チャレンジテスト ⑩ …………………… 88 | | / | 点 |
| そうしあげテスト ① …………………… 90 | | / | 点 |
| そうしあげテスト ② …………………… 92 | | / | 点 |
| そうしあげテスト ③ …………………… 94 | | / | 点 |

JN046327

本書に関する最新情報は, 当社ホームページにある本書の「サポート情報」をご覧ください。(開設していない場合もございます。)

# 1 10000までの 数

標準クラス

**1** ☐に あてはまる 数を 数字で 書きましょう。

(1) ☐に 三十を たしたら, 三百に なります。

三百から ☐を ひいたら, 二百に なります。

(2) 五千は, 数字で 書くと ☐ です。

この 数は 1000を ☐こ あつめた 数です。

また, 100を ☐こ あつめた 数です。

**2** つぎの 数を, 大きい じゅんに ならべましょう。

(1) 931    968    913    986

( ＿＿＿ → ＿＿＿ → ＿＿＿ → ＿＿＿ )

(2) 230    203    302    320

( ＿＿＿ → ＿＿＿ → ＿＿＿ → ＿＿＿ )

**3** どちらの 数が 大きいですか。大きい ほうを ○で かこみましょう。

(1) ( 1019    1091 )        (2) ( 8015    8105 )

(3) ( 9439    9349 )        (4) ( 3753    3573 )

**4** □に あてはまる 数を 書きましょう。

(1) 370より 30 大きい 数は [          ]です。

(2) 4000より 800 大きい 数は [          ]です。

(3) 1000より 50 小さい 数は [          ]です。

(4) 5000より 1000 小さい 数は [          ]です。

(5) 9800と [          ]で 10000に なります。

**5** 400円の ファイルと, 200円の ノートを 買いました。
あわせて 何円ですか。
(しき)

答え (          )

**6** クッキーを 180こ 作りました。あと 何こ 作ると
200こに なりますか。
(しき)

答え (          )

# 1 10000までの数

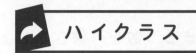
ハイクラス

**1** つぎの 数を，かん字や 数字で 書きましょう。(20点/1つ5点)

(1) ゆうやさんの へやは 323ごう室です。

かん字で (　　　　　　　　　　)

(2) あつめた あきかんの 数は 204こです。

かん字で (　　　　　　　　　　)

(3) ともみさんは 五百四十七ごう室です。

数字で (　　　　　　　　　　)

(4) ロッカーの 番ごうは 八百十三です。

数字で (　　　　　　　　　　)

**2** 5, 0, 8, 3の カードを 1まいずつ つかって 4けた の 数を つくりましょう。(20点/1つ5点)

(1) いちばん 大きい 数は □□□□ です。

(2) いちばん 小さい 数は □□□□ です。

(3) 5500に いちばん 近い 数は □□□□ です。

(4) 6000に いちばん 近い 数は □□□□ です。

**3** 0から 9までの 中で, つぎの □に はいる 数を すべて 書きましょう。(20点/1つ5点)

(1) 6□51は, 6483より 大きい。　（　　　　　　　　）

(2) □075は, 5060より 大きい。　（　　　　　　　　）

(3) 2756は, 2□59より 小さい。　（　　　　　　　　）

(4) 4307は, □418より 小さい。　（　　　　　　　　）

**4** 100まいずつの たばに した はがきが 58たばと, 10まいずつの たばに した はがきが 9たば あります。はがきは ぜんぶで 何まい ありますか。(20点)
(考え方と しき)

答え（　　　　　　　　）

**5** 1000まいずつ たばに した 紙が 5たばと, 100まいずつ たばに した 紙が 10たば あります。そのうち 2000まい つかいました。のこりの 紙は ぜんぶで 何まい ありますか。(20点)
(考え方と しき)

答え（　　　　　　　　）

# 2 たし算と ひき算の 文しょうだい ①

**1** 花だんに 花が さきました。赤い 花が 29本, 黄色い 花が 24本です。花は ぜんぶで 何本 さきましたか。

(しき)

答え （ 　　　　　　 ）

**2** けんとさんは 前から 17人目です。けんとさんの うしろに 24人 ならんで います。みんなで 何人 ならんで いますか。

(しき)

答え （ 　　　　　　 ）

**3** おり紙が 58まい あります。その あと 友だちから 26まい もらいました。ぜんぶで 何まいに なりましたか。

(しき)

答え （ 　　　　　　 ）

**4** 金魚すくいで, つばささんは 金魚を 15ひき, かいとさんは 金魚を 17ひき すくいました。あわせて 何びき すくいましたか。

(しき)

答え （ 　　　　　　 ）

**5** たけるさんは　80ページの　本を　50ページ　読みました。
あと　何ページ　のこって　いますか。

（しき）

答え（　　　　　　　）

**6** おり紙を　はるなさんは　70まい，　りなさんは　50まい
もって　います。どちらが　何まい　多いですか。

（しき）

答え（　　　　　　　）の　ほうが（　　　　　　）多い。

**7** さなさんの　クラスは　39人です。いま　24人が　きゅう
食を　食べおわりました。みんなが　食べおわるには，
あと　何人　食べおわれば　よいですか。

（しき）

答え（　　　　　　　）

**8** えんぴつが　1ダース　あります。今日　おじさんから　何
本か　もらったので，ぜんぶで　36本に　なりました。おじ
さんから　何本　もらいましたか。

（しき）

答え（　　　　　　　）

## 2 たし算と ひき算の 文しょうだい ①  ハイクラス

1 なおさんは, 毎日 本を 読んで います。月曜日に 35ペ
ージ, 火曜日に 29ページ, 水曜日に 20ページ 読みまし
た。この 3日間で 何ページ 読みましたか。(15点)
(しき)

答え (          )

2 たんじょうび会の じゅんびで わかざりを, きのう 34こ,
今日 47こ 作りました。わかざりを, あわせて 何こ 作
りましたか。(10点)
(しき)

答え (          )

3 おはじきが 26こ あります。あとで 17こ もらいまし
た。さらに 14こ もらうと, おはじきは ぜんぶで 何こ
に なりますか。(15点)
(しき)

答え (          )

4 あさみさんの 学校の 2年生は, 男の子が 44人, 女の子
が 39人です。みんなで 何人ですか。(10点)
(しき)

答え (          )

**5** うんどう場で ボールあそびを して いました。1組は 24人，2組は 20人でした。ボールあそびを して いた のは 55人です。1組でも 2組でも ない 人は 何人で すか。(10点)

(しき)

答え（　　　　　　　）

**6** まさとさんは 13番目に 学校に つきました。 いまは 36人 来て います。まさとさんの あとから 何人 来ま したか。(10点)

(しき)

答え（　　　　　　　）

**7** なわとびで かけるさんは 58回，りえさんは 35回 と びました。りえさんが あと 何回 とぶと 2人の とん だ 数が 同じに なりますか。(10点)

(しき)

答え（　　　　　　　）

**8** □+38=89に あう もんだいを つくって います。下の （　）に あてはまる 数を 書きましょう。(10点/1つ5点)

カードを（　　　　　）まい もらったので，もって いたのと あわせて（　　　　　）まいに なりました。はじめに 何まい もって いましたか。

上の もんだいの 答えを もとめましょう。(10点)

(しき)

答え（　　　　　　　）

# 3 たし算と ひき算の 文しょうだい ②

**1** 本が 本だなの 上の だんに 84さつ, 下の だんに 78 さつ ならべて あります。本だな ぜん体に ならべて ある 本は 何さつですか。

(しき)

答え (          )

**2** ひなたさんの 学校の 2年生の 人数は, 男の子が 65人, 女の子が 76人です。2年生は みんなで 何人ですか。

(しき)

答え (          )

**3** 午前11時には, おきゃくさんの くつが 24足 ありました。 午後2時に 数えて みると, 15足しか ありません。お きゃくさんは 何人 帰りましたか。

(しき)

答え (          )

**4** ケーキが 36こ あります。子どもに 1人 1こずつ く ばると, 17こ あまりました。子どもは 何人 いましたか。

(しき)

答え (          )

**5** なわとびで　さきさんは　500回　とびました。ゆきさんは　さきさんより　100回　多く　とんだそうです。ゆきさんは　何回　とびましたか。

(しき)

答え（　　　　　　　）

**6** はるとさんは　120円の　ノートを　1さつと　700円の　ふでばこを　買いました。あわせて　いくらに　なりますか。

(しき)

答え（　　　　　　　）

**7** まみさんが　「あと　70円　あったら　500円の　クレヨンが　買える。」と　いって　います。いま　いくら　もって　いますか。

(しき)

答え（　　　　　　　）

**8** 200に　ある　数を　たすと　480に　なります。ある　数は　何ですか。

(しき)

答え（　　　　　　　）

# 3 たし算と ひき算の 文しょうだい ② → ハイクラス

**1** みんなで なわとびを して います。みつきさんは, 1回目は 87回, 2回目は 93回 とびました。あわせて 何回 とびましたか。(10点)

(しき)

答え (　　　　　　　　)

**2** 子ども会で ハイキングに 行きました。おとなは 56人来ました。ようち園の 子どもは 34人で, 小学生は 44人 いました。ぜんぶで 何人 あつまりましたか。(10点)

(しき)

答え (　　　　　　　　)

**3** 1組の 学きゅうぶんこは, 本を 21さつ もらったので81さつに なりました。2組の 学きゅうぶんこは, 1組より 24さつ 少ないです。2組の 本は 何さつですか。(15点)

(しき)

答え (　　　　　　　　)

**4** いつきさんは, 赤の おり紙を 34まい, 青の おり紙を27まい もって います。弟に 18まい あげると, 何まいに なりますか。(10点)

(しき)

答え (　　　　　　　　)

**5** ひろとさんは　えんぴつを　9本　もって　いましたが，お
じさんに　1ダース　もらいました。かなたさんは　18本
もって　います。いま　どちらが　何本　多いですか。(15点)
(しき)

答え（　　　　　　　　）の　ほうが（　　　　）多い。

**6** ななさんは，妹に　シールを　37まい　あげたので，いま，
245まい　もって　います。はじめに　何まい　もって　い
ましたか。(10点)
(しき)

答え（　　　　　　　　）

**7** ぜん校じどうが　753人の　小学校が　あります。ぜん校し
ゅう会で　体いくかんに　あつまりました。今日は　6人
休みでした。何人　あつまって　いますか。(15点)
(しき)

答え（　　　　　　　　）

**8** お母さんに　51円　もらったので，お金が　683円に　な
りました。はじめ　いくら　ありましたか。(15点)
(しき)

答え（　　　　　　　　）

# 4 （ ）の ある しき

〈しきは，（ ）を つかって，1つの しきに あらわしましょう。〉

**1** れんさんは，カードを 30まい もって いました。弟に 18まい，お兄さんに 2まい あげました。いま，カードは 何まいに なりましたか。

（しき）

答え（　　　　　）

**2** 家に 32こ おもちが ありました。きのう 12こ あげて，8こ 食べました。のこりは 何こに なりましたか。

（しき）

答え（　　　　　）

**3** そうたさんは バッジを 43こ もって います。お兄さんから 21こ もらい，自分で 9こ 買いました。ぜんぶで 何こに なりましたか。

（しき）

答え（　　　　　）

**4** みかんを 買って きました。数を 数えたら 26こ あり
ました。お兄さんが 3こ, わたしが 2こ 食べました。
いま, みかんは 何こ ありますか。
(しき)

答え (　　　　　　　)

**5** 本だなの 上の だんには, 絵本が 30さつ おいて あり
ます。下の だんには, どう話の本が 16さつ, 図かんが
4さつ おいて あります。上の だんの 本は, 下の だ
んの 本と くらべて 何さつ 多いですか。
(しき)

答え (　　　　　　　)

**6** あきとさんの 組は 男の子が 18人です。女の子は 今日
2人 休んだので 19人でした。あきとさんの 組の 人数
は, ぜんぶで 何人 いますか。
(しき)

答え (　　　　　　　)

**7** どんぐりが 83こ あります。どんぐりで こまを 作るの
に 7こ, やじろべえを 作るのに 36こ つかいました。
のこった どんぐりは 何こですか。
(しき)

答え (　　　　　　　)

〈しきは，（ ）を つかって，1つの しきに あらわしましょう。〉

**1** 2年1組は 36人，2組は 34人です。そのうち，1組の 女の子は 18人で，2組の 女の子は 16人です。2年生の 男の子は 何人ですか。(10点)

（しき）

答え （　　　　　　）

**2** 73ページの 本を 読みます。夜 34ページ，朝 8ページ 読みました。のこって いる ページは 何ページですか。読んだ ページを まとめて しきに しましょう。(10点)

（しき）

答え （　　　　　　）

**3** 1学きが はじまったとき，りつさんの 学年は 男の子が 69人，女の子が 66人でした。1学きの おわりに，男の子が 2人 ほかの 学校へ かわって いきましたが，2学きに ほかの 学校から 女の子が 3人と 男の子が 4人 はいって きました。
下の しきは，何の 人数を もとめる しきですか。
（ ）の 中に 書きましょう。(20点/1つ10点)

(1) $(69-2)+4$

（　　　　　　）

(2) $66+(69-2)$

（　　　　　　）

**4** 150円 もって お店へ 行きました。32円の ガムと 59円の キャラメルを 買いました。お金は いくら のこりましたか。(15点)

(しき)

答え (　　　　　　)

**5** きのう 花だんに, 赤い 花が 12本 さいて いました。7本 とって 帰りました。今日は, 黄色い 花が 5本 さきました。いま, 花だんに 花は 何本 さいて いますか。(15点)

(しき)

答え (　　　　　　)

**6** みおさんは, おり紙を 41まい もって います。あおいさんに 7まい, ゆづきさんに 6まい あげました。いま, 何まい のこって いますか。(15点)

(しき)

答え (　　　　　　)

**7** わかざりを 作って います。ゆうまさんは 50こ, りこさんは 60こ 作りました。2人で あと 何こ 作ると, 150こに なりますか。(15点)

(しき)

答え (　　　　　　)

| 時 間 | 30分 | とく点 |
|---|---|---|
| 合かく | 80点 | 点 |

# チャレンジテスト①

**1** □に あてはまる 数を 書きましょう。(10点/1つ5点)

(1)

| 1100 | | 1000 | | 900 |
|---|---|---|---|---|

(2)

| 906 | | 910 | 912 | |
|---|---|---|---|---|

**2** □に あてはまる 数を 書きましょう。(20点/1つ5点)

(1) 7320は, 10を □ こ あつめた 数です。

(2) 100を 47こ, 10を 13こ あつめた 数は,

□ です。

(3) 5000より 4000 大きい 数は □ です。

(4) 8000より 6000 小さい 数は □ です。

**3** クッキーを 作りました。わたしは 128こ, お姉さんは 45こ 作りました。2人 あわせて, 何こ 作りましたか。

(10点)

(しき)

答え ( )

**4** 1組の 学きゅうぶんこには, 本が 87さつ, 2組には 103さつ あります。1組は, 2組より 何さつ 少ないですか。(10点)

(しき)

答え ( )

5 みかんは 1こ 58円です。かきは みかんより 47円 高い そうです。りんごは かきより 18円 やすい そう です。りんごは 1こ 何円ですか。(10点)
(しき)

答え（　　　　　）

6 20円の あめと, 40円の ガムを 買って, 100円 はらい ます。おつりは 何円ですか。(10点)
(しき)

答え（　　　　　）

7 さくらさんは 170まいの 色紙の たばから, 80まい つ かいました。そのあと 弟に 20まい あげました。のこり は 何まいに なりましたか。(10点)
(しき)

答え（　　　　　）

書いて
まとめる

8 ゆうかさんは, 50円の けしゴムと 80円の えんぴつの だい金の 合計を もとめるのに,「5+8で できるわ。」 と いいました。
ゆうかさんの 考えを せつ明しましょう。(20点)

_____

_____

_____

**1** あいさんの ちょ金ばこには 100円玉が 6こ, 50円玉が 1こ, 10円玉が 30こ はいって います。ぜんぶで いくら ありますか。(10点)

(しき)

答え (　　　　　　　　)

**2** 青い 色紙が 37まい, 赤い 色紙が 64まい あります。どちらが 何まい 多いですか。(10点)

(しき)

答え (　　　　　) 色紙が (　　　　　) 多い。

**3** りょうさんは, カードを 52まい もって います。お兄さんに 38まい もらい, 妹に 15まい あげると, のこりは 何まいに なりますか。(10点)

(しき)

答え (　　　　　　　　)

**4** さやさんは, 500円の ハンカチと 300円の メモちょうを 買いました。1000円 はらうと おつりは 何円ですか。(10点)

(しき)

答え (　　　　　　　　)

5 めいさんは 65人に 兄や 弟が いるか どうか ききました。
35人の 人が 「兄や 弟が いない」と 答えました。
兄や 弟が いる 人に きいたら，18人が 「弟が いない」
と 答えました。弟が いるのは 何人ですか。(10点)
(しき)

答え (　　　　　　)

6 1組の 学きゅうぶんこには 本が 56さつ，2組には 48
さつ，3組には 44さつ あります。ぜんぶで 本は 何さ
つですか。(15点)
(しき)

答え (　　　　　　)

7 下の しきに あうように，(　)に たずねて いる 文
を 書き，答えを もとめましょう。(文10点，答え10点)

いちごがりに 行きました。いちごを はじめに 何こ
か とりました。つぎに 38こ とって 妹に 20こ
あげたので，ぜんぶで 50こに なりました。

(　　　　　　　　　　　　　　　　)

(しき) 50−(38−20)

答え (　　　　　　)

8 あさがおの たねを 26こ まきました。きのうは 7こ，
今日は 9こ，めが 出て いました。めが 出て いない
のは あと 何こですか。(15点)
(しき)

答え (　　　　　　)

# 5 かけ算の 文しょうだい ①

**1** えんぴつを, 1人に 2本ずつ 6人に くばります。えんぴつは 何本 いりますか。

(しき)

答え (　　　　　　　)

**2** ももの かんづめが, 1はこに 5こずつ はいって います。4はこでは, かんづめは 何こに なりますか。

(しき)

答え (　　　　　　　)

**3** りんごの はいった かごが 9かご あります。1かごには 4こずつ はいって います。りんごは みんなで 何こ ありますか。

(しき)

答え (　　　　　　　)

**4** 長いすが 8きゃく 出て います。1きゃくに 3人ずつ すわると, ぜんぶで 何人 すわれますか。

(しき)

答え (　　　　　　　)

**5** 公園に，4人のりの 自どう車が あります。自どう車が 5台では，何人 のれますか。

(しき)

答え （ 　　　　　　 ）

**6** 3人 すわれる 長いすが 7きゃくと，2人 すわれる 長いすが 9きゃく あります。長いすには，みんなで 何人 すわれますか。

(しき)

答え （ 　　　　　　 ）

**7** □に あてはまる 数や しきを 書きましょう。

(1) 18は 2の □ ばい　　(2) 32は 4の □ ばい

(3) 30は 5の □ ばい　　(4) 21は 3の □ ばい

(5) 3の 6ばいを しきで あらわすと，□＝□

(6) 4の 7ばいを しきで あらわすと，□＝□

**8** 公園に 何人かで あそびに 行きました。4人のりの 自どう車 3台と 2人のりの 自どう車 3台に 分かれて のると，自どう車の せきが あまることなく ぜんいん のれました。公園に 行ったのは，ぜんぶで 何人ですか。

(しき)

答え （ 　　　　　　 ）

# 5 かけ算の 文しょうだい ①　→ ハイクラス

**1** 1人に 3まいずつ 色紙を くばります。8人に くばると, 色紙は ぜんぶで 何まい いりますか。(10点)

(しき)

答え (　　　　　　　)

**2** 1はこに, 2こずつ ケーキが はいって います。4はこ お店に のこって います。のこって いる ケーキは 何こですか。(10点)

(しき)

答え (　　　　　　　)

**3** みかんを 1人に 3こずつ くばります。7人に くばると, みかんは ぜんぶで 何こ いりますか。(10点)

(しき)

答え (　　　　　　　)

**4** 1ふくろに 5こずつ チョコレートを 入れて います。あと 1こ あると, ちょうど 7ふくろに なります。いま ある チョコレートは 何こですか。(10点)

(しき)

答え (　　　　　　　)

**5** お父さんは，１週間に　２日　休みが　あります。今月は　ちょうど　４週間です。今月の　休みは　何日ですか。(10点)

（しき）

答え（　　　　　　）

**6** ぼうで　右のような　形を　６こ　作りました。ぼうは　まだ　５本　あまって　います。はじめに，ぼうは　何本　ありましたか。(10点)

（しき）

答え（　　　　　　）

**7** 下の　図の　◯の　数の　もとめ方を　しきに　あらわします。□に　あてはまる　数を　書きましょう。(20点/1つ10点)

⚫⚫⚫⚫⚫
⚫⚫⚫⚫⚫
⚫⚫⚫

(1) $2 \times \boxed{\phantom{0}} + \boxed{\phantom{0}}$

(2) $3 \times \boxed{\phantom{0}} - \boxed{\phantom{0}}$

**8** ケーキが　１さらに　３こずつ　４さらと，クッキーが　１さらに　５こずつ　２さら　あります。このうち　ケーキを　２こと，クッキーを　４こ　食べました。ケーキと　クッキーを　あわせると，ぜんぶで　何こ　のこって　いますか。(20点)

（しき）

答え（　　　　　　）

# 6 かけ算の 文しょうだい ②

**1** あめを 7ふくろ 買いました。1ふくろには あめが 6
こずつ はいって います。ぜんぶで あめは 何こですか。
（しき）

答え （　　　　　　　）

**2** 子どもたちが 7人ずつ 手を つないで，グループを つ
くりました。グループが 8つ できました。子どもは，み
んなで 何人 いますか。
（しき）

答え （　　　　　　　）

**3** ゆうなさんは 毎日 8もんずつ 算数の もんだいを と
きます。5日間では， 何もん とくことに なりますか。
（しき）

答え （　　　　　　　）

**4** ドーナツが，1はこに 9こずつ はいって います。6は
こでは ドーナツは 何こに なりますか。
（しき）

答え （　　　　　　　）

**5** 1 ふくろに 8こずつ チョコレートを 入れます。8 ふくろ分 よういするには，ぜんぶで 何こ いりますか。
（しき）

答え （　　　　　　　）

**6** いすが 6きゃくずつ 8れつ ならんで います。ぜんぶで 何人 すわれますか。
（しき）

答え （　　　　　　　）

**7** 1はこに 半ダース はいって いる えんぴつが，7はこ あります。 えんぴつは，みんなで 何本 ありますか。
（しき）

答え （　　　　　　　）

**8** 1人に 9まいずつ，7人に おり紙を くばりました。くばり おわったら 5まい のこって いました。おり紙は はじめに 何まい ありましたか。
（しき）

答え （　　　　　　　）

**6** かけ算の
文しょうだい ②

ハイクラス

答え ▶ べっさつ 8 ページ

| 時 間 | 25分 | とく点 |
| --- | --- | --- |
| 合かく | 80点 | 点 |

**1** 1ふくろに 8こ はいった パンを，3ふくろ 買いました。お昼ごはんに みんなで 食べたら，パンが 4こ あまりました。パンを 何こ 食べましたか。(12点)
(しき)

答え (　　　　　　)

**2** 1パック 6こ入りの たまごを 買うと，たまごが 1こ おまけに つきます。3パック 買うと，たまごは ぜんぶで 何こ ありますか。(12点)
(しき)

答え (　　　　　　)

**3** ひな子さんの 組では，つくえが よこに 8こ ならんでいます。4れつ ならんで いて，5れつ目は 4こです。ひな子さんの 組に ある つくえの 数は 何こですか。(12点)
(しき)

答え (　　　　　　)

**4** かぞえぼうを 1人 9本ずつ つかって，すきな 形を 1つ 作ります。けいさんの はんは 女の子が 5人と，男の子が 3人です。けいさんの はんは，何本 かぞえぼうを とれば よいですか。(12点)
(しき)

答え (　　　　　　)

5 花やさんに, 花たばが 8たば かざって あります。1た
ばには, 花が 7本ずつ たばねて あります。8たば ぜ
んぶでは, 花は 何本 ありますか。(12点)
(しき)

答え （　　　　　　　）

6 色紙を 1人に 6まいずつ 分けると, 7人に 分けられ
て 5まい あまりました。色紙は はじめに 何まい あ
りましたか。(14点)
(しき)

答え （　　　　　　　）

7 1はこ 6こ入りの プリンが, 3はこ あります。2こ
食べると, プリンは 何こ のこりますか。(12点)
(しき)

答え （　　　　　　　）

8 1はこに, 8こずつ 5れつ はいって いる おかしが
2はこ あります。このうち 15こ 食べると, おかしは
何こに なりますか。(14点)
(しき)

答え （　　　　　　　）

# 7 分数

**1** 色の ついた ところは ぜん体の 何分の何ですか。分数で あらわしましょう。

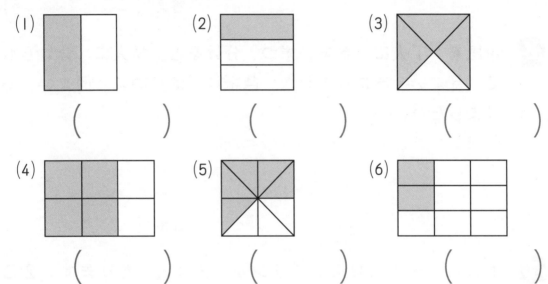

(1) (　　　　)

(2) (　　　　)

(3) (　　　　)

(4) (　　　　)

(5) (　　　　)

(6) (　　　　)

**2** 下の ように おり紙を おって, おり目の ところで 切りました。

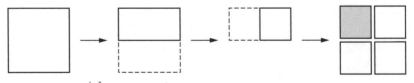

(1) 色の ついた 紙の 大きさは, もとの おり紙の 何分の 1ですか。

(　　　　)

(2) 色の ついた 紙を 何まい あつめると, もとの おり紙の 大きさに なりますか。

(　　　　)

**3** 下の 図を 見て 答えましょう。

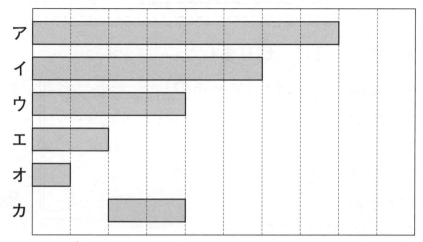

(1) アの $\frac{1}{2}$ の 大きさの ものは どれですか。

（　　　　）

(2) エの $\frac{1}{2}$ の 大きさの ものは どれですか。

（　　　　）

(3) ウの $\frac{1}{2}$ の 大きさの ものを ぜんぶ えらびましょう。

（　　　　）

(4) エは イの 何分の1の 大きさですか。

（　　　　）

(5) オは アの 何分の1の 大きさですか。

（　　　　）

(6) カは アの 何分の1の 大きさですか。

（　　　　）

# 7 分数（ぶんすう）

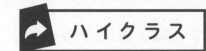

ハイクラス

**1** ケーキを　右のように　切（き）りました。（32点/1つ8点）

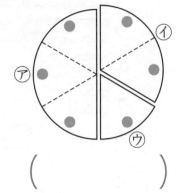

(1) ㋐の　大きさは，　もとの　ケーキの　何分（なんぶん）の1ですか。

（　　　　　　　）

(2) ㋑の　大きさは，　もとの　ケーキの　何分の1ですか。

（　　　　　　　）

(3) ㋒の　大きさは，　もとの　ケーキの　何分の1ですか。

（　　　　　　　）

(4) ㋒を　いくつ　あつめると，　もとの　ケーキの　大きさに　なりますか。

（　　　　　　　）

**2** おり紙（がみ）を　いくつかの　同（おな）じ　大きさに　分（わ）けました。色（いろ）を　ぬった　ところが　もとの　おり紙の　$\frac{1}{2}$ に　なって　いる　ものを　ぜんぶ　えらびましょう。（12点）

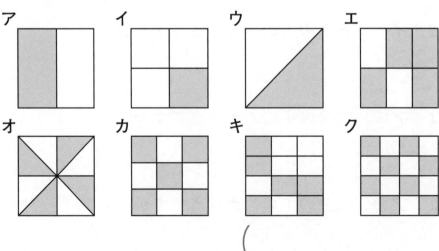

（　　　　　　　）

**3** 下の もとの テープの 大きさを 1と すると，(1)～(5) の 大きさは ア～クの テープの どれに なりますか。

(40点/1つ8点)

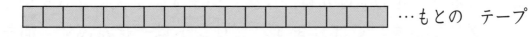 …もとの テープ

(1) $\dfrac{1}{6}$　　　　(2) $\dfrac{1}{2}$　　　　(3) $\dfrac{1}{9}$

（　　　）　　（　　　）　　（　　　）

(4) $\dfrac{1}{3}$　　　　(5) $\dfrac{1}{18}$

（　　　）　　（　　　）

ア [　　　　　　　]　　イ [　　　　]　　ウ [　]

エ [　　　　]　　オ [　　]　　カ [　]

キ [　]　　ク [　　　　　]

**4** ⑦の 紙の $\dfrac{1}{2}$の 大きさと，⑦の 紙の $\dfrac{1}{2}$の 大きさは 同じ 大きさでは ありません。その わけを 書きましょう。

(16点)

⑦ 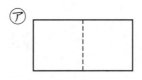 　　⑦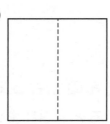

_____

_____

_____

## チャレンジテスト③

**1** しゅうさんの はんは, 7人 います。1人に 6まいずつ プリントを くばります。プリントは ぜんぶで 何まい いりますか。(20点)

(しき)

答え (　　　　　)

**2** いちごが, 小さい おさら 3まいに 6こずつ, 大きい お さら 7まいに 8こずつ のって います。いちごは ぜ んぶで 何こ ありますか。(20点)

(しき)

答え (　　　　　)

**3** みかんが 4こ はいった ふくろが 7ふくろ, 6こ は いった ふくろが 3ふくろ あります。みかんは, ぜんぶ で 何こ ありますか。(20点)

(しき)

答え (　　　　　)

**4** しょうさんの もって いる おり紙を, 6人に 4まいず つ くばると 38まい のこりました。しょうさんは, はじ め 何まい もって いましたか。(20点)

(しき)

答え (　　　　　)

**5** おり紙を 同じ 大きさに 切りました。つぎの ア〜オの 図の 中で, 色の ついた ところが ぜん体の $\frac{1}{4}$に なって いる ものを すべて えらびましょう。(10点)

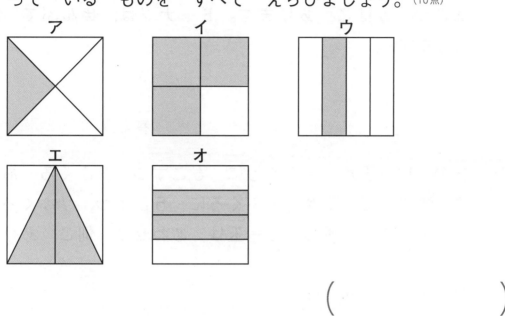

（　　　　　）

**6** つぎの アの 大きさを 1と します。アの $\frac{1}{2}$の 大きさの 図を イ〜カの 中から えらびましょう。(10点)

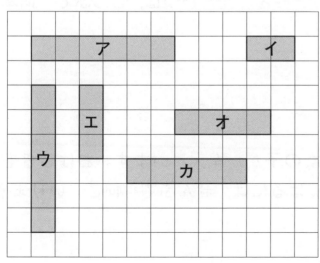

（　　　　　）

1 はこに, ドーナツが 6こずつ はいって います。この はこが 5はこ あります。ドーナツは, ぜんぶで 何こ ありますか。(20点)

(しき)

答え (　　　　　)

2 赤の ビー玉が 1ふくろに 6こずつ, 8ふくろ あります。青の ビー玉が 1ふくろに 5こずつ, 7ふくろ あります。赤と 青の ビー玉は あわせて 何こ ありますか。(10点)

(しき)

答え (　　　　　)

3 えんぴつを 1人に 4本ずつ, 7人に くばろうと しましたが, 3本 たりません。えんぴつは, ぜんぶで 何本 ありますか。(20点)

(しき)

答え (　　　　　)

4 男の子が 3人, 女の子が 4人 います。おはじきを 1人に 8こずつ くばるには, ぜんぶで 何こ いりますか。(20点)

(しき)

答え (　　　　　)

⑤ 紙を 同じ 大きさに 切りました。色の ついた ところ
は, もとの 大きさの 何分の1ですか。(20点/1つ5点)

(1)
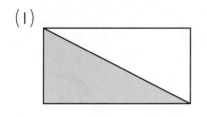

(2)
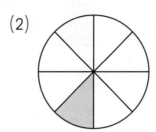

(　　　　　)　　　　　(　　　　　)

(3)
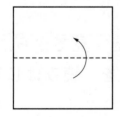

(4)
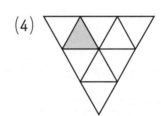

(　　　　　)　　　　　(　　　　　)

⑥ 1まいの おり紙を つぎの 図の ように 4回 おった
あと ひろげます。ひろげた あと おり目に そって 切
り分けると, 1きれは もとの おり紙の 何分の1に な
りますか。(10点)

(　　　　　)

# 8 時こくと 時間

標準クラス

**1** あきさんは, 10時に 家を 出て, えきに 行きました。えきに ついたとき, 時計を 見ると 右のようでした。家から えきまで 何分 かかりましたか。

（　　　　　）

**2** かずまさんは, 9時に ねました。おきたのは 6時でした。何時間 ねたことに なりますか。

（　　　　　）

**3** たくとさんは, 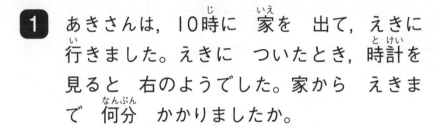から 40分 ゲームを しました。おわったのは 何時何分ですか。

（　　　　　）

**4** さくらさんは, 5時から 30分 テレビを 見てから, 本を 読みはじめました。何時何分から 本を 読みはじめましたか。

（　　　　　）

**5** ことなさんは　友だちの　家に
あそびに　行きました。右の　時
計を　見て，□に　数を　書き
ましょう。

友だちの
家に
ついた

(1) 友だちの　家に　ついた　時こく
は，□時□分です。

友だちの
家を
出た

(2) 友だちの　家に　いたのは，
□時間□分です。

自分の
家に
ついた

(3) 友だちの　家から　自分の　家ま
で□分　かかります。

**6** さとしさんは　今日も　元気に　学校に　出かけました。家
を　に　出て，学校に　ついたのは　です。
何分　かかりましたか。

（　　　　　）

**7** となりまちの　おばさんの　家に　行くのに，
右の　時こくに　家を　出て，1時間15分
かかりました。おばさんの　家に　ついたの
は　何時何分ですか。

（　　　　　）

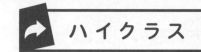
**1** □に あてはまる 数を 書きましょう。(20点/1つ5点)

時計の 長い はりが ひとまわりするのに □ 時間

かかり, それは □ 分と 同じです。

時計の みじかい はりが ひとまわりする 時間は

□ 時間で, 1日に □ 回 まわります。

**2** ㋐, ㋑, ㋒, ㋓の 時こくを 書きましょう。(20点/1つ5点)

㋐から ㋑, ㋒から ㋓の 時間は どれだけですか。(10点/1つ5点)

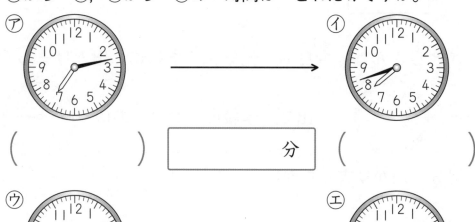

㋐ ( )  | 分 |  ㋑ ( )

㋒ ( )  | 時間   分 |  ㋓ ( )

**3**

7時から 3時間12分 たつと, 何時何分に なりますか。右の 時計に はりを かきましょう。(10点)

**4** 社会見学の 日の 朝, [時計の絵] に バスで 出ぱつしました。

昼, [時計の絵] に べんとうを 食べました。夕方, [時計の絵] に

学校に つきました。時こくと 時間を 答えましょう。

(20点/1つ5点)

(1) 朝 （　　　　　）　　　(2) 昼 （　　　　　）

(3) 夕方 （　　　　　）

(4) 出ぱつして 昼の べんとうを 食べるまでの 時間

（　　　　　）

**5** バスに のって 遠足に 行きます。 バスは 午前8時57
分に 出ます。バスの 出る 30分前までに あつまるには,
午前何時何分までに あつまれば よいですか。(10点)

（　　　　　）

**6** まみさんは りかさんと あそぶ やくそくを して いた
ので, 午後2時8分に 家を 出ました。りかさんの 家に
ついたのは やくそくの 3分前でした。りかさんの 家ま
では 24分 かかりました。やくそくを して いた 時こ
くは 午後何時何分ですか。(10点)

（　　　　　）

# 9 長さ

**1** 30cmの ものさし 3つ分と 5cmで, 何cmに なりますか。

( )

**2** 2本の テープを あわせた 長さは どれだけですか。

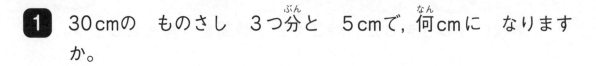

( )

**3** 2本の テープの 長さの ちがいは どれだけですか。

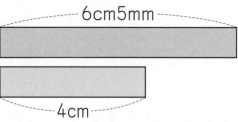

( )

**4** 1本 5cmの テープを 切って, 38mm つかいました。のこりは 何cm何mmですか。
(しき)

答え ( )

**5** 下の テープの 長さは, 何m何cmですか。また, それは 何cmですか。

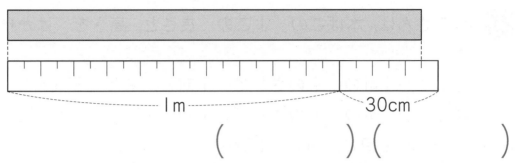

（　　　　　）（　　　　　）

**6** テープを 2つに 切ったら, 下の ような 長さに なりました。

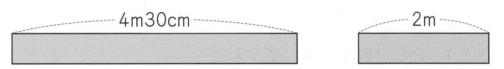

(1) もとの テープの 長さは どれだけでしたか。

（　　　　　）

(2) 2本の テープの 長さの ちがいは どれだけですか。

（　　　　　）

**7** 14mの ひもと 3mの ひもが あります。ちがいは 何mですか。

（　　　　　）

**8** 下の テープの 長さは, 何m何cmですか。また, それは 何cmですか。

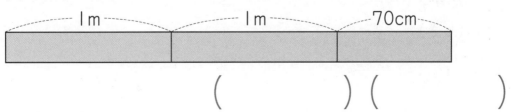

（　　　　　）（　　　　　）

# 9 長さ　　➡ ハイクラス

**1** はるさんは, 本ばこの　よこの　長さと, 高さを　はかりました。

よこ……1mの　ものさしで　1回と, あと　37cm

高さ……1mの　ものさしで　1回, 30cmの　ものさしで　2回と, あと　15cm

(1) よこと　高さは, それぞれ　何m何cmですか。(12点)

よこ（　　　　　　　）　高さ（　　　　　　　）

(2) どちらが　何cm　長いですか。(12点)

（　　　　　　）が（　　　　　　）長い。

**2** ゆうとさんの　しん長は　こうきさんの　しん長より　4cmひくいです。ゆうとさんの　しん長は　1m27cmです。こうきさんの　しん長は　どれだけですか。(12点)

（　　　　　　　）

**3** としやさんは　ミニトマトを　そだてて　なえの　高さを記ろくしました。5月は　7cm4mm, 7月は　106mmでした。5月から　7月までに　なえは　何cm何mm　のびましたか。(12点)

（しき）

答え（　　　　　　　）

**4** 長さが 25cm7mmの テープに，6cmの テープを つなぎました。ぜんぶで どれだけに なりましたか。つなぎ目の 長さは 考えません。(12点)
（しき）

答え （　　　　　　　）

**5** 15cm5mmの 長さの ひもから，9cm 切りとりました。ひもは あと どれだけ のこって いますか。(12点)
（しき）

答え （　　　　　　　）

**6** 68mmと 7cm2mmでは，どちらが どれだけ 長いですか。
（しき）(14点)

答え （　　　　　）が （　　　　　）長い。

**7** けんたさんが 台の 上に のると，お父さんと 同じ しん長に なりました。けんたさんの しん長は 1m21cm，お父さんの しん長は 186cmです。台の 高さは 何cmですか。(14点)
（しき）

答え （　　　　　　　）

# 10 かさ

**1** つぎの もんだいに 答えましょう。

(1) めぐさんは ジュースを 3L 買いました。何dL ですか。

（　　　　　　　）

(2) しょうゆの ラベルに 900mLと 書いて ありました。
何dL ですか。

（　　　　　　　）

(3) 牛にゅうパック 1本で 2dLです。2本で 何dLに な
りますか。それは 何mL ですか。

（　　　　　　　）（　　　　　　　）

**2** ぼくじょうで ミルクしぼりを しました。りょうまさんの
グループは 3L8dL, みきさんの グループは 40dLでし
た。大きい ほうの かさを 答えましょう。

（　　　　　　　）

**3** なつみさんの もって いる びんと えりさんの 水とう
では, かさが 大きいのは どちらですか。また, どれだけ
大きいですか。

（なつみさん）　　　　　（えりさん）

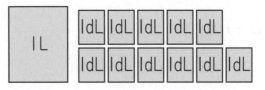

（　　　　　　）が （　　　　　　　　） 大きい。

**4** 水が なべに 43dL, やかんに 2L8dL はいって います。あわせて 何L何dLに なりますか。また, ちがいは 何L何dLに なりますか。

あわせた かさ （　　　　　　　）

かさの ちがい （　　　　　　　）

**5** 150mLずつ ジュースが はいった コップが 4つ あります。ジュースは ぜんぶで 何mL ありますか。
(しき)

答え （　　　　　　　）

**6** 水が 2L5dL はいる やかんが あります。この やかんに 12dLの 水を 入れました。水は あと 何dL 入れる ことが できますか。
(しき)

答え （　　　　　　　）

**7** 水そうに 水が 3L はいって います。この 水そうに 200mLの 水を 入れると, ぜんぶで 何L何dLに なりますか。
(しき)

答え （　　　　　　　）

# 10 かさ

**ハイクラス**

**1** たくみさんは 遠足に 行くとき, 8dLの 水とうと 500 mLの ペットボトルに お茶を 入れて いきました。ぜんぶで 何dL もって いきましたか。(12点)

(しき)

答え (          )

**2** はなさんは みかんを しぼって ジュースを 作りました。1こ目は 80mL, 2こ目は 1dLでした。あわせて 何mL できましたか。(12点)

(しき)

答え (          )

**3** まりさんは 3Lの ようきに 水を 入れて います。あと 4dL はいる ところで 入れるのを やめました。いま, 水は 何L何dL はいって いますか。(12点)

(しき)

答え (          )

**4** 7L5dL あった ジュースを, みんなで 2500mL のみました。のこりの ジュースは 何Lですか。(12点)

(しき)

答え (          )

**5** ペットボトル 1本に 1500mLの お茶が はいって います。ポットには 1L8dLの お茶が はいって います。かさは どちらが 何dL 多いですか。(12点)

(しき)

答え ( ) の ほうが ( ) 多い。

**6** 牛にゅうを 3dLずつ コップに 分けると, ちょうど 6この コップに 分ける ことが できました。牛にゅうは ぜんぶで 何L何dL ありますか。(12点)

(しき)

答え ( )

**7** ペンキが 5dL はいった かんが 5こ あります。ポストを ぬったので のこりは 3dLに なりました。つかった ペンキは 何dLですか。(14点)

(しき)

答え ( )

**8** ジュースが 2L はいった ペットボトルを 3本 買いました。朝 12dL, 昼 10dL, 夕方 5dL のみました。のこって いる ジュースは 何dLですか。(14点)

(しき)

答え ( )

# 11 ひょうと グラフ

標準クラス

**1** 11月の 天気を しらべました。

〈11月の 天気しらべ〉

| 日 | 1 | 2 | 3 | 4 | 5 | 6 | 7 | 8 | 9 | 10 |
|---|---|---|---|---|---|---|---|---|---|---|
| 天気 | ☀ | ☀ | ☁ | ☂ | ☁ | ☀ | ☀ | ☀ | ☀ | ☁ |

| 日 | 11 | 12 | 13 | 14 | 15 | 16 | 17 | 18 | 19 | 20 |
|---|---|---|---|---|---|---|---|---|---|---|
| 天気 | ☁ | ☀ | ☀ | ☀ | ☀ | ☀ | ☁ | ☂ | ☂ | ☁ |

| 日 | 21 | 22 | 23 | 24 | 25 | 26 | 27 | 28 | 29 | 30 |
|---|---|---|---|---|---|---|---|---|---|---|
| 天気 | ☁ | ☀ | ☀ | ☀ | ☁ | ☁ | ☂ | ☂ | ☁ | ☀ |

(1) ひょうを もとに して,（ ）に あてはまる 数を 書きましょう。

①晴れ（　　　）日　②くもり（　　　）日

③雨　（　　　）日　④合計（　　　）日

(2) ひょうを もとに して, ○を 右の
グラフに かきましょう。

(3) いちばん 長く 晴れの 日が つづい
たのは 何日間ですか。

（　　　　　　）

〈11月の 天気しらべ〉

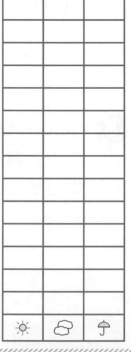

**2** 右の ひょうは, みんなで 玉入れあそびを した ときの 記ろくです。

| たいが | えいた | すみれ | みつき |
|---|---|---|---|
| ○ | ○ | × | ○ |
| × | ○ | ○ | ○ |
| ○ | ○ | ○ | ○ |
| ○ | ○ | ○ | ○ |
| × | ○ | ○ | ○ |
| × | ○ | ○ | ○ |
| ○ | ○ | ○ | × |
| ○ | ○ | × | ○ |
| × | ○ | ○ | ○ |
| ○ | × | × | × |

×…いらなかった しるし
○…はいった しるし

(1) 1人 玉を 何回ずつ なげましたか。

(　　　　　　　　)

(2) たいがさんは はいった 玉の 数を, 右のような グラフに あらわしました。 つづきを かきましょう。

(3) えいたさんは 下のような ひょうを つくりました。つづきを かきましょう。

〈はいった 玉の 数〉

| 名前 | たいが | | | |
|---|---|---|---|---|
| 数 | 6 | | | |

〈はいった 玉の 数〉

| | たいが | えいた | すみれ | みつき |
|---|---|---|---|---|
| 10 | | | | |
| 9 | | | | |
| 8 | | | | |
| 7 | | | | |
| 6 | ○ | | | |
| 5 | ○ | | | |
| 4 | ○ | | | |
| 3 | ○ | | | |
| 2 | ○ | | | |
| 1 | ○ | | | |

(4) 多く はいった じゅんに 名前を 書きましょう。

(　　　→　　　→　　　→　　　)

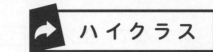
**1** ゆかりさんの 組で，家で かって いる どうぶつを
しらべて います。

| どうぶつ | 金魚 | 犬 | ねこ | 小鳥 | そのほか |
| --- | --- | --- | --- | --- | --- |
| 人数(人) | 6 | 9 | 7 | 8 | 3 |

(1) かって いる どうぶつを 多い じゅんに 書きなおしま
しょう。(24点)

| じゅん番 | 1 | 2 | 3 | 4 | 5 |
| --- | --- | --- | --- | --- | --- |
| どうぶつ | | | | | そのほか |
| 人数(人) | | | | | 3 |

(2) どうぶつの 名前を 書き，○を つかって (1)の ひょう
を グラフに あらわしましょう。(16点)

|  |  |  |  |  |
| --- | --- | --- | --- | --- |
|  |  |  |  |  |
|  |  |  |  |  |
|  |  |  |  |  |
|  |  |  |  |  |
|  |  |  |  |  |
|  |  |  |  |  |
|  |  |  |  | ○ |
|  |  |  |  | ○ |
|  |  |  |  | ○ |
|  |  |  |  | そのほか |

**2** れなさんの　組で，生まれた　月を　しらべて，グラフに　しました。

〈生まれた　月しらべ〉

(1) れなさんの
組は　何人です
か。(10点)

（　　　　　）

(2) 上の　グラフを　下の　ひょうに　かきましょう。(30点)

| 月 | 1 | 2 | 3 | 4 | 5 | 6 | 7 | 8 | 9 | 10 | 11 | 12 |
|---|---|---|---|---|---|---|---|---|---|---|---|---|
| 人数(人) | 3 | 6 | | | | | | | | | | |

**3** かずはさんと　だいちさんは，2年1組で，1月から　6月までに　生まれた　人数を　グラフに　しました。

〈生まれた　月しらべ〉　　〈生まれた　月しらべ〉

（かずは）　　　　　　（だいち）

(1) どちらの　かき方が　よいですか。(5点)　　（　　　　　）

✐(2) わけを　いいましょう。(15点)

_____

_____

_____

| 時 間 | 30分 | とく点 |
|---|---|---|
| 合かく | 80点 | 点 |

# チャレンジテスト⑤

1 土曜日の 昼から 体いくかんで バスケットの れんしゅうを しました。れんしゅうが おわって 30分後に 家に帰りました。時こくと 時間を 答えましょう。(20点/1つ5点)

(1) はじめた 時こく　(2) おわった 時こく　　(3) れんしゅう時間

（　　　　　）

（　　　　　）（　　　　　）

(4) れんしゅうが おわって 30分後の 時こく

（　　　　　）

2 めいさんの 日曜日の 1日です。朝 (1)6時5分に おきて，(2)11時半に 昼ごはんを 食べました。それから 友だちの 家に あそびに 行って，夕方 (3)4時45分に 家に帰りました。(4)8時50分には ねました。下の (1)~(4)に時計の はりを かきましょう。(20点/1つ5点)

(1)　　　　(2)　　　　(3)　　　　(4)

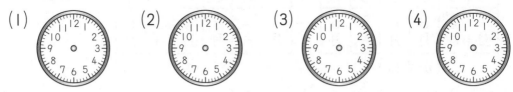

3 としやさんは 午後2時15分に 家を 出て，25分後に公園に つきました。公園に ついた 時こくを 答えましょう。(10点)

（　　　　　）

4 ねん土を 長く のばして へびを 作りました。がくさん
は, 15cm5mm, あかりさんは それより 2cm3mm 長か
ったそうです。(20点/1つ10点)

(1) あかりさんの 作った へびの 長さは 何cm何mmですか。
(しき)

答え (　　　　　　　)

(2) 2人の 作った へびを あわせると 何cm何mmですか。
(しき)

答え (　　　　　　　)

5 しょうゆと あぶらと すを あわせて 3dLの ドレッシ
ングを 作りました。しょうゆを 200mL, あぶらを 20
mL 入れました。(30点/1つ15点)

(1) すは 何mL 入れましたか。
(しき)

答え (　　　　　　　)

(2) 3dLの ドレッシングを 4回 作りました。ぜんぶで 何
L何dL できましたか。
(しき)

答え (　　　　　　　)

| 時 間 | 30分 | とく点 |
|---|---|---|
| 合かく | 80点 | 点 |

# チャレンジテスト⑥

**1** はるかさんたちは わなげを しました。右の ひょうは わなげの 記ろくです。

〈わなげの 記ろく〉

| | | | | | | | | | | |
|---|---|---|---|---|---|---|---|---|---|---|
| はるか | ○ | ○ | ○ | × | ○ | × | ○ | × | ○ | ○ |
| みさき | ○ | ○ | × | ○ | ○ | ○ | × | ○ | × | × |
| ひかる | ○ | ○ | ○ | ○ | ○ | ○ | × | ○ | ○ | ○ |
| あおい | × | ○ | ○ | × | ○ | ○ | ○ | ○ | × | × |

（○…はいった ×…はいらなかった）

(1) だれが よく できたか わかる グラフを，○を つかって 右の グラフに あらわしましょう。(10点)

(2) はいった 数が いちばん 多かったのは，だれで，何回ですか。(10点)

（　　　　　）で，（　　　　　　）

(3) 1回 はいると 10点で，点を つけました。みさきさん，ひかるさんは それぞれ 何点ですか。(10点)

みさきさん（　　　　　　　）

ひかるさん（　　　　　　　）

〈わなげの 記ろく〉

| | | | |
|---|---|---|---|
| | | | |
| | | | |
| | | | |
| | | | |
| | | | |
| | | | |
| | | | |
| | | | |
| | | | |
| | | | |
| はるか | みさき | ひかる | あおい |

**2** 家から 学校まで 歩いて 20分です。 7時45分に 学校に つきました。家を 出たのは 何時何分ですか。(10点)

（　　　　　　）

3 ゆいなさんは, 1m30cmの リボンを もって います。そのうち, 45cm つかいました。何cmの リボンが のこって いますか。(10点)
(しき)

答え (          )

4 6cmの テープと 5cm5mmの テープを のりで つないで, ぜんたいの 長さを 10cmに します。のりしろの 長さを 何cm何mmに すれば よいですか。(10点)
(しき)

答え (          )

5 大きい びんに 水を 入れたら, 1Lますで 2はい はいり, 小さい びんに 水を 入れたら, 1dLますで 9はい はいりました。それぞれ どれだけ はいり, ちがいは 何dLですか。(30点/1つ10点)

大 (          )  小 (          )  ちがい (          )

6 ジュースが 4L5dL あります。このジュースを 9人に 3dLずつ 分けました。ジュースは あと 何dL のこって いますか。(10点)
(しき)

答え (          )

# 12 三角形と 四角形 ①

## 標準クラス

**1** 図を 見て, 記ごうで 答えましょう。

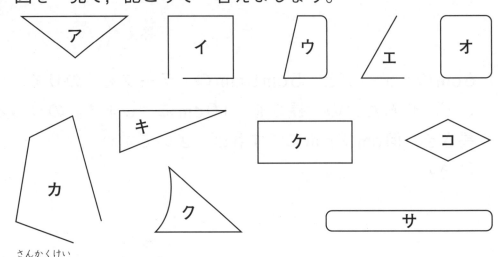

(1) 三角形は どれですか。

( )

(2) 四角形は どれですか。

( )

**2** おり紙を つぎのように 2つに おって, 太い 線の ところで 切りぬきました。紙を 広げると, どんな 形が できますか。

(1)        (2)        (3)

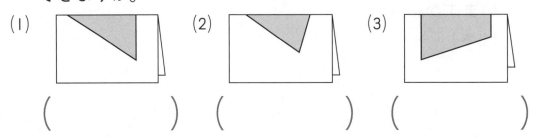

( )   ( )   ( )

**3** つぎの 形に 直線を 1本 かいて, 三角形や 四角形を 作りましょう。

(1) 三角形を 2つ

(2) 四角形を 2つ

**4** 下の 図を 見て, 記ごうで 答えましょう。

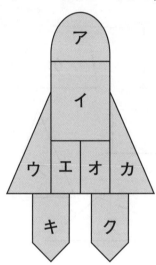

(1) 三角形は どれですか。

( )

(2) 四角形は どれですか。

( )

(3) 三角形でも 四角形でも ない 形は どれですか。

( )

**5** つぎの 形が 三角形や 四角形では ない わけを せつ明しましょう。

(1)

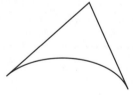

_____

_____

だから, 三角形では ありません。

(2)

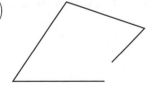

_____

_____

だから, 四角形では ありません。

# 12 三角形と四角形 ①

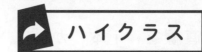

**1** つぎの 形を 見て,下の もんだいに 記ごうで 答えましょう。(24点/1つ8点)

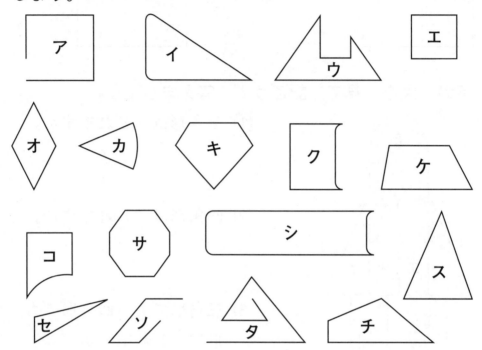

(1) 直線だけで かこまれて いる 形は どれですか。

( )

(2) 三角形は どれですか。

( )

(3) 四角形は どれですか。

( )

**2** 下の　図の　中には，三角形が　ぜんぶで　何こ　あります
か。（30点/1つ10点）

(1)　　　　　　　　　　　(2)　　　　　　　　　　(3)

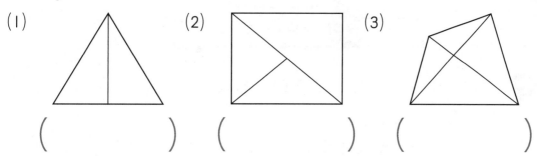

（　　　　　　　　）（　　　　　　　　）（　　　　　　　　）

**3** つぎの　形に　直線を　1本　かいて，三角形と　四角形に
分けましょう。（30点/1つ10点）

(1)　　　　　　　　　(2)　　　　　　　　　(3)

**4** 下の　ア，イ，ウ，エの　形を　組み合わせて，(1)と　(2)の
形を　作りました。どのように　作ったのかを　〈れい〉のよ
うに　かきましょう。（16点/1つ8点）

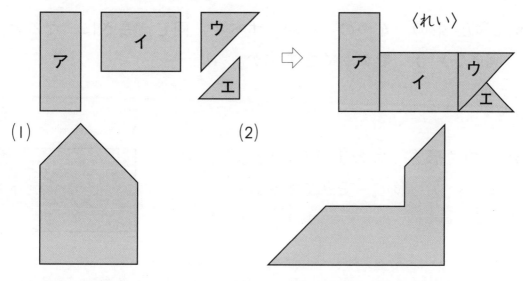

(1)　　　　　　　　　　　(2)

# 13 三角形と 四角形 ②

標準クラス

**1** 右の 形を 見て, つぎの もんだい に 答えましょう。

(1) 何と いう 形ですか。

（　　　　　　　）

(2) アと イは, それぞれ 何と いいますか。

ア（　　　　　） イ（　　　　　）

(3) かどは, どんな 形ですか。

（　　　　　　　）

(4) 辺の 長さは, どう なって いますか。

（　　　　　　　）

(5) ⑦の 形の 4つの 辺が すべて 同じ 長さに なると, 何と いう 形が できますか。

（　　　　　　　）

(6) ⑦の 形を 右のように 切ると, 何 と いう 形が できますか。

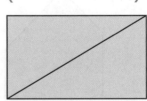

（　　　　　　　）

**2** 下の 形の 中で，長方形は，どれですか。

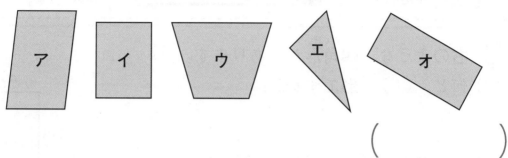

$$(\quad\quad\quad)$$

**3** 下の 形の 中で，正方形は，どれですか。

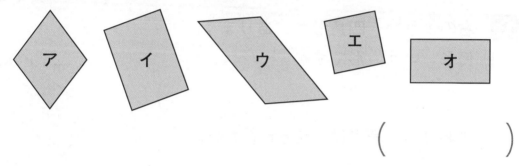

$$(\quad\quad\quad)$$

**4** 右の 形を 見て，つぎの もんだいに 答えましょう。

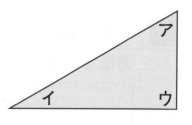

(1) このような 三角形を，何と いいますか。

$$(\quad\quad\quad)$$

(2) ちょう点は，いくつ ありますか。

$$(\quad\quad\quad)$$

(3) 辺は，いくつ ありますか。

$$(\quad\quad\quad)$$

(4) 直角は，ア，イ，ウのうち，どれですか。

$$(\quad\quad\quad)$$

# 13 三角形と 四角形 ②

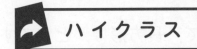 ハイクラス

**1** 右のような 四角形が あります。(10点/1つ5点)

(1) 何と いう 形ですか。

( )

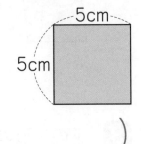

(2) まわりの 長さは 何cmですか。

( )

**2** 右のような 四角形が あります。(10点/1つ5点)

(1) 何と いう 形ですか。

( )

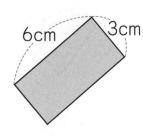

(2) まわりの 長さは 何cmですか。

( )

**3** 下の 図の 点と 点を むすんで, ちがう 大きさの 正方形を 6つ 作りましょう。(36点/1つ6点)

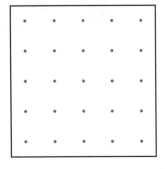
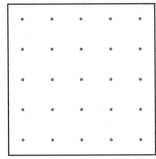
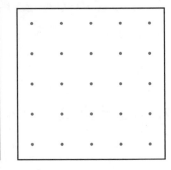
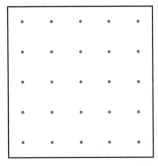

**4** 図の　中に，直角三角形は　何こ　ありますか。(10点)

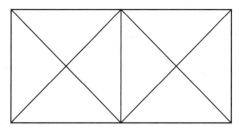

( 　　　　　　 )

**5** 下の　形で，どれと　どれを　組み合わせると，長方形や
正方形に　なりますか。(14点/1つ7点)

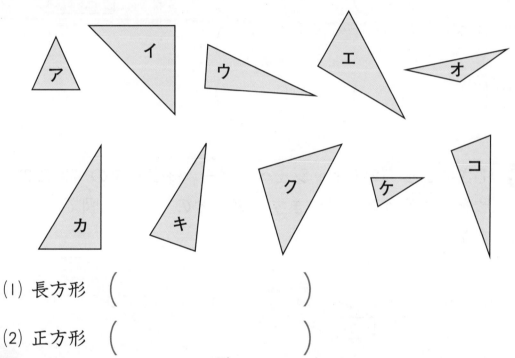

(1) 長方形　( 　　　　　　 )

(2) 正方形　( 　　　　　　 )

**6** つぎの　もんだいに　答えましょう。(20点/1つ10点)

(1) まわりの　長さが　16cmの　正方形が　あります。1つの
辺の　長さは　何cmですか。

( 　　　　　　 )

(2) (1)の　正方形を　2つ　ならべて，長方形を　作ります。ま
わりの　長さは　何cmに　なりますか。

( 　　　　　　 )

# 14 はこの 形

**1** ⑦, ⑦, ⑦は, それぞれ 何と いいますか。また, いくつ ありますか。

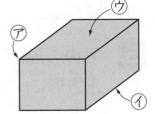

⑦ ( ) ……… ( ) つ

⑦ ( ) ……… ( ) 本

⑦ ( ) ……… ( ) つ

**2** (1)さいころ (2)ティッシュペーパー (3)ラップの はこの 形を 作ろうと 思います。ア〜オの どの 図で できますか。

(1)  ( )

(2) 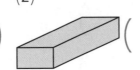 ( )

(3) 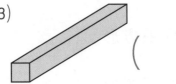 ( )

ア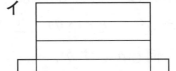

イ

ウ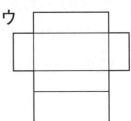

エ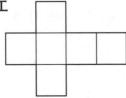

オ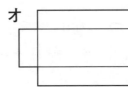

**3** ひごと ねん土玉で, 右のような さいころ
の 形を 作りました。

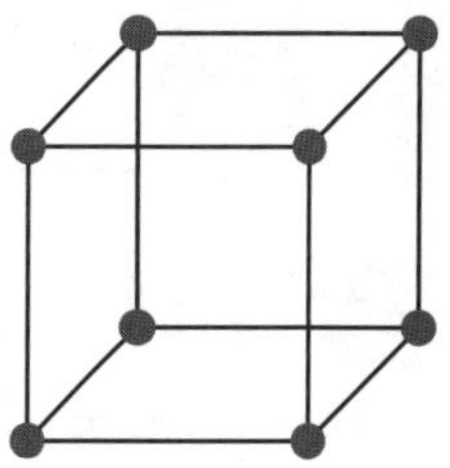

(1) ねん土玉は, いくつ つかいましたか。

( 　　　　 )

(2) ひごは, 何本 つかいましたか。

( 　　　　 )

**4** 右のような はこが あります。

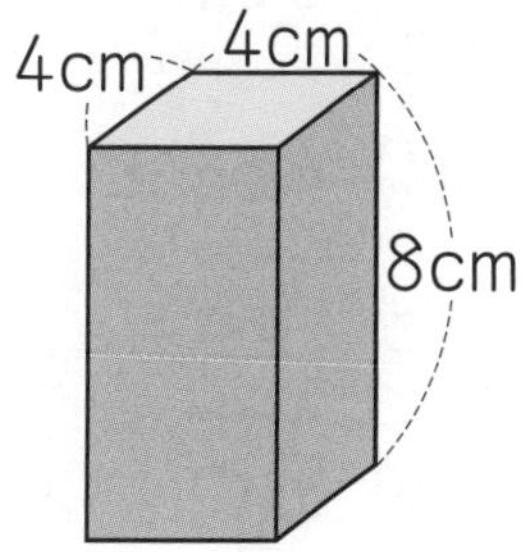

(1) 正方形の 面は いくつ ありますか。

( 　　　　 )つ

(2) 正方形の 1つの 辺の 長さは 何cmで
すか。

( 　　　　 )cm

(3) 長方形の 面は いくつ ありますか。

( 　　　　 )つ

(4) 長方形の 1つの 辺の 長さは 何cmと 何cmですか。

( 　　 )cmと ( 　　 )cm

(5) 4cmの 辺は 何本 ありますか。

( 　　　　 )本

(6) 8cmの 辺は 何本 ありますか。

( 　　　　 )本

4cm 4cm
8cm

答え ▶ べっさつ20ページ

時 間　25分　とく点
合かく　80点　　　　点

**1** 右の はこは, ひごと ねん土玉と いたを つかって 作った ものです。

(25点/1つ5点)

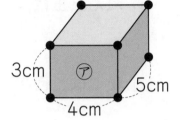

3cm　⑦　5cm
4cm

(1) ねん土玉は, いくつ ありますか。

（　　　　　）

(2) 3cmの ひごは, 何本 ありますか。　（　　　　　）

(3) 5cmの ひごは, 何本 ありますか。　（　　　　　）

(4) 4cmと 5cmの いたは, いくつ ありますか。

（　　　　　）

(5) ⑦の いたと むかいあって いる いたは, 何cmと 何cmの 大きさですか。

（　　　）cmと （　　　）cm

**2** 下の ひらいた 図で, さいころの 形が できるのは, どれですか。(20点)

ア
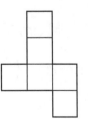

イ

ウ
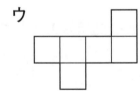

エ

オ
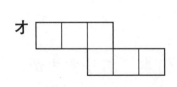

カ
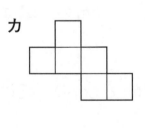

（　　　　　）

**3** どの 形を ひらいた ものですか。線で むすびましょう。

(24点/1つ6点)

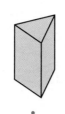   

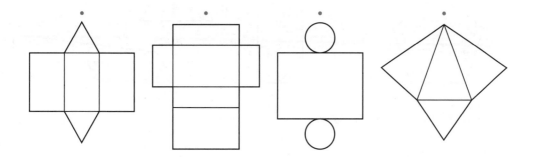

**4** 下の ひらいた 図は, 右の はこを ひらいた ものです。

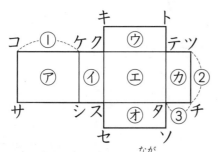 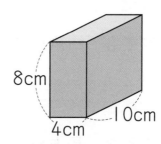

(1) ①, ②, ③の 長さは, どれだけですか。(15点/1つ5点)

① (　　　　　)　② (　　　　　)　③ (　　　　　)

(2) 面⑦と むかいあって いる 面は, ⑦〜⑰の うち, どれですか。(6点)

(　　　　　)

(3) ひらいた 図を 組み立てた とき, ちょう点「サ」と かさなるのは, どれと どれですか。(10点)

(　　　)と(　　　)

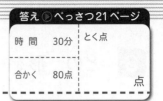
# チャレンジテスト⑦

1 図を 見て, もんだいに 記ごうで 答えましょう。(30点/1つ10点)

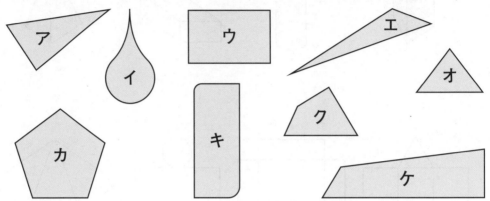

(1) 三角形は どれですか。

( )

(2) 四角形は どれですか。

( )

(3) 三角形でも 四角形でもない 形は どれですか。

( )

2 右のような 長方形が あります。

(30点/1つ15点)

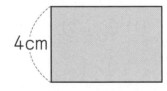

4cm

(1) よこの 長さが たての 長さより 2cm 長い とき, まわりの 長さ は 何cmですか。

( )

(2) まわりの 長さが 30cmの とき, よこの 長さは 何cm ですか。

( )

3 右のような はこが あります。

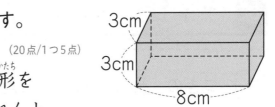

（20点/1つ5点）

(1) ひごと ねん土玉で 同じ 形を
つくります。ひごは 何本, ねん土
玉は 何こ いりますか。

3cm の ひご （　　　）本

8cm の ひご （　　　）本

ねん土玉 （　　　）こ

(2) 正方形の 面は いくつ ありますか。

（　　　　　　）

4 つぎの もんだいに 答えましょう。（20点/1つ10点）

(1) 下の 図は, さいころの 形の はこを ひらいた もので
す。色の ついた 面に むかいあう 面に, ○の しるし
を つけましょう。

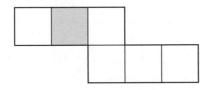

(2) 下の 図のうち, さいころの 形の はこを ひらいた も
のは どれですか。

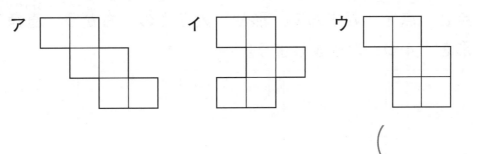

（　　　　　　）

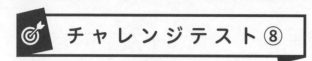

**チャレンジテスト⑧**

1 つぎの 形は，右の 三角形が 何こ あつまって
できて いますか。(20点/1つ5点)

(1)

(2)

(　　　　　)　　　　(　　　　　)

(3)

(4)

(　　　　　)　　　　(　　　　　)

2 点と 点を むすんで，大きさの ちがう 正方形を 5つ
かきましょう。(20点/1つ4点)

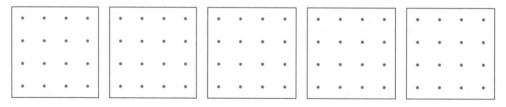

3 点と 点を むすんで，形や 大きさの ちがう 直角三角
形を 4つ かきましょう。(20点/1つ5点)

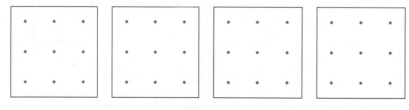

4 右のような はこの 形が
あります。この はこの 形
を ひごと ねん土玉で つ
くるとき, ひごは ぜんぶで
何cm いりますか。(10点)

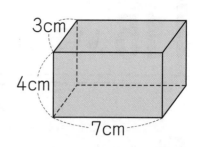

（　　　　　　）

5 つぎの ア〜オの 中から, 組み立てても さいころの 形
に ならない ものを 1つ えらびましょう。(15点)

ア　　　　　　　イ　　　　　　　　　ウ

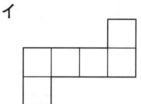　　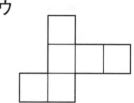

エ　　　　　　　オ

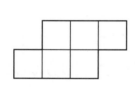　　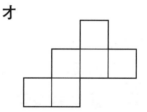

（　　　　　　）

6 はこの 形を つ
くります。右の
図に ひつような
面を かきたしま
しょう。(15点)

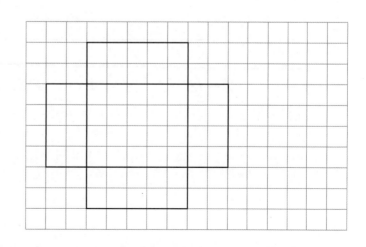

# 15 いろいろな もんだい ①

## 標準クラス

**1** あめが 何こか ありました。4こ 食べたので, 18こに なりました。はじめに 何こ ありましたか。下の 図の ( )に あてはまる 数を 書いて もとめましょう。

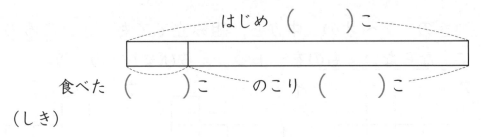

はじめ ( )こ

食べた ( )こ　のこり ( )こ

(しき)

答え ( )

**2** おり紙が 40まい ありました。何まいか つかったので, のこりが 24まいに なりました。何まい つかいましたか。下の 図の ( )に あてはまる 数を 書いて もとめましょう。

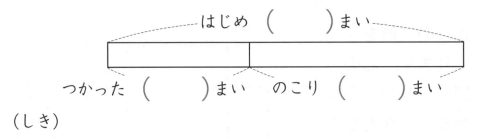

はじめ ( )まい

つかった ( )まい　のこり ( )まい

(しき)

答え ( )

**3** 公園に 子どもが 何人か いました。8人 帰ったので，
16人に なりました。はじめに 何人 いましたか。

(1) 図を かきましょう。

(2) (しき)

答え （　　　　　　　）

**4** えんぴつが 35本 ありました。何本か つかったので，の
こりが 28本に なりました。つかったのは 何本ですか。

(1) 図を かきましょう。

(2) (しき)

答え （　　　　　　　）

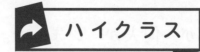

**1** バナナが 何本か ありました。9本 食べたので, 26本 に なりました。はじめに 何本 ありましたか。(10点)
(しき)

答え (　　　　　　　)

**2** さとうが 35ふくろ ありました。何ふくろか つかったの で, のこりが 18ふくろに なりました。何ふくろ つかい ましたか。(10点)
(しき)

答え (　　　　　　　)

**3** はづきさんは 本を 読んでいます。35ページ 読んだので, のこりが 62ページに なりました。この本は 何ページ ありますか。(10点)
(しき)

答え (　　　　　　　)

**4** おはじきが 63こ ありました。何こか あげたので, のこ りが 47こに なりました。何こ あげましたか。(10点)
(しき)

答え (　　　　　　　)

**5** トマトが 80こ 売られて いました。何こか 売れたので, のこりが 43こに なりました。何こ 売れましたか。(15点)

(しき)

答え （　　　　　　　）

**6** 1000円 もって 買いものに 行きました。何円か つかったので, のこりが 540円に なりました。何円 つかいましたか。(15点)

(しき)

答え （　　　　　　　）

**7** だんごが 何こか ありました。 きのう 9こ 食べ, 今日 16こ 食べたので, 24こに なりました。はじめに 何こ ありましたか。(15点)

(しき)

答え （　　　　　　　）

**8** リボンが 何cmか ありました。かほさんが 45cm 切って, しおりさんが 65cm 切ったので, のこりが 50cmに なりました。はじめに 何cm ありましたか。(15点)

(しき)

答え （　　　　　　　）

答え べっさつ24ページ

# 16 いろいろな もんだい ②

標準クラス

**1** そうまさんは 75円 もって います。ゆうせいさんは 98円 もって います。2人 あわせると 何円に なりますか。

(しき)

答え (           )

**2** 赤い ボールが 42こ, 青い ボールが 29こ あります。赤い ボールと 青い ボールの ちがいは 何こですか。

(しき)

答え (           )

**3** やまとさんは おり紙を 6まい もって います。みさきさんは やまとさんの 7倍の おり紙を もって います。みさきさんが もって いる おり紙は 何まいですか。

(しき)

答え (           )

**4** ペットボトルに 水が 2L はいって います。900mL のむと, のこりは 何mLに なりますか。

(しき)

答え (           )

**5** おり紙が 50まい ありました。何まいか つかったので, のこりが 18まいに なりました。何まい つかいましたか。
（しき）

答え（　　　　　）

**6** みかんが 何こか ありました。19こ 食べたので, 37こ に なりました。はじめに 何こ ありましたか。
（しき）

答え（　　　　　）

**7** えんぴつを 1人 4本ずつ, 8人の 子どもに くばります。 えんぴつは 何本 ひつようですか。
（しき）

答え（　　　　　）

**8** ロープが 3m ありました。何cmか 切りとったので, の こりが 120cmに なりました。切りとったのは 何cmで すか。
（しき）

答え（　　　　　）

# 16 いろいろな もんだい ②　ハイクラス

答え▶べっさつ24ページ

| 時間 | 25分 | とく点 |
| --- | --- | --- |
| 合かく | 80点 | 点 |

**1** クッキーが　22まい　ありました。13まい　食(た)べた　あと，17まい　買(か)いました。クッキーは　何(なん)まいに　なりましたか。(10点(てん))
(しき)

答(こた)え（　　　　　）

**2** 赤色(あかいろ)の　ボールが　3こ　あります。青色の　ボールの　数(かず)は　赤色の　ボールの　数の　4倍(ばい)で，黄色(きいろ)の　ボールの　数は　青色の　ボールの　数より　2こ　少(すく)ないです。黄色の　ボールは　何こ　ありますか。(10点)
(しき)

答え（　　　　　）

**3** はやとさんは　お茶(ちゃ)を　1L200mL　のみました。りくさんは　はやとさんより　500mL　少なく　のみました。2人　あわせて　何L何mL　のみましたか。(20点)
(しき)

答え（　　　　　）

**4** リボンが 何cmか ありました。85cm 切りとり, さらに 2m45cm 切りとると, のこりは 65cmに なりました。 はじめに 何cm ありましたか。(20点)

(しき)

答え （　　　　　　　　）

**5** ちゅう車場に 車が 何台か とまって いました。7台 出たあと, 出た 数の 3倍の 数の 車が 入って きた ので, とまって いる 車の 数は 78台に なりました。 はじめに 何台の 車が とまって いましたか。(20点)

(しき)

答え （　　　　　　　　）

**6** ひなのさんは おはじきを 8こ もって います。ゆりさんは ひなのさんの 3倍の おはじきを もって います。2人が もって いる おはじきの 数の ちがいは 何こ ですか。(20点)

(しき)

答え （　　　　　　　　）

# 17 いろいろな もんだい ③

**1** つぎのように 数字が ならんでいます。
1, 7, 13, 19, 25, …

(1) 数字は いくつずつ ふえて いますか。

(          )

(2) 8番目の 数字は いくつですか。

(          )

**2** 下の 図のように タイルを ならべます。

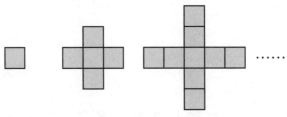

1番目　　2番目　　　3番目　　……

(1) タイルは 何まいずつ ふえて いますか。

(          )

(2) 7番目の 図形を 作るのに, タイルは 何まい つかいますか。

(          )

**3** うんどう場に 赤い はたが 9本 1れつに ならんで います。赤い はたと 赤い はたの 間に 青い はたを 1本ずつ ならべます。青い はたは 何本 ありますか。

( )

**4** 花だんに 10本の 花を 左から 1れつに うえて いきます。1本目の 花は 花だんの 左はしから 5cmの ところに うえ，花と 花の 間を 7cmずつ はなして うえると，10本目の 花は 花だんの 右はしから 5cmの ところに うえることが できました。花だんの 左はしから 右はしまでの 長さは 何cmですか。

( )

**5** あめ 2ことガム 3こを 買うと，だい金は 24円で，あめ 2ことガム 4こを 買うと，だい金は 28円です。ガム 1この ねだんは 何円ですか。

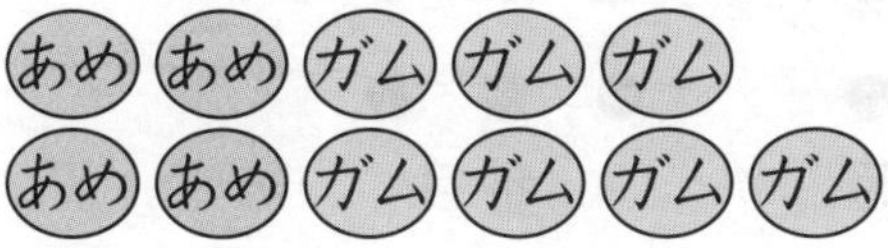

あめ あめ ガム ガム ガム
あめ あめ ガム ガム ガム ガム

( )

# 17 いろいろな もんだい ③ ハイクラス

答え ▶ べっさつ25ページ

| 時間 25分 | とく点 |
| --- | --- |
| 合かく 80点 | 点 |

**1** つぎのように　数字が　ならんで　います。10番目の　数字は　いくつですか。（15点）

4，11，18，25，32，…

（　　　）

**2** つぎのように　数字が　ならんで　います。15番目の　数字は　いくつですか。（15点）

100，97，94，91，88，…

（　　　）

**3** 下の　図のように　黒石を　ならべます。8番目で　ならんで　いる　黒石は，何こですか。（15点）

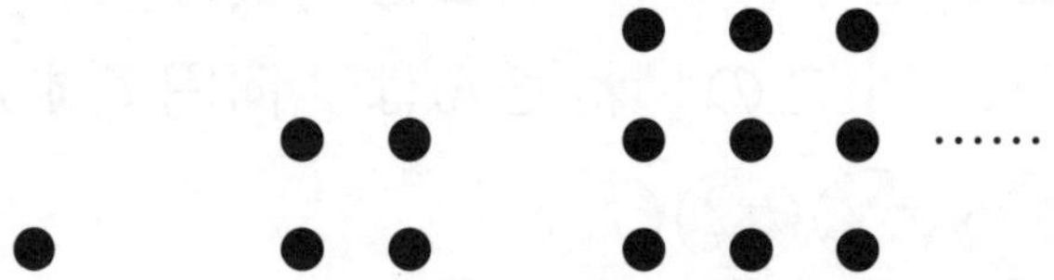

1番目　　2番目　　3番目　……

（　　　）

**4** １つの わに なった １本の リボンが あります。この リボンを 同じ 長さに なるように ９回 切ると, 切った リボンの １つ分の 長さは ６cmに なりました。この リボンの はじめの 長さは 何cmですか。(15点)

( 　　　 )

**5** 大きい 数と 小さい 数が あります。２つの 数を たすと 25で, 大きい 数から 小さい 数を ひくと 7です。小さい 数は いくつですか。下の 図の ( )に あてはまる 数を 書いて もとめましょう。(20点)

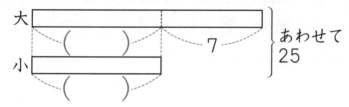

( 　　　 )

**6** みかん ５こと りんご ６こを 買うと 620円で, みかん ６こと りんご ６こを 買うと 660円です。みかん １この ねだんは 何円ですか。(20点)

( 　　　 )

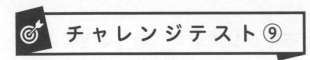

チャレンジテスト⑨

答え ▶ べっさつ26ページ

| 時 間 | 30分 | とく点 |
|---|---|---|
| 合かく | 80点 | 点 |

1 バスに 何人か のって います。バスていで 9人 おり
て 4人 のったので バスに のって いる 人は 18人
に なりました。はじめ, バスに 何人 のって いましたか。
(しき)
(10点)

答え （　　　　　　　）

2 赤色の おり紙が 4まい あります。青色の おり紙の
数は 赤色の おり紙の 数の 7倍で, 黄色の おり紙の
数は 青色の おり紙の 数より 13まい 少ないです。お
り紙は ぜんぶで 何まい ありますか。(15点)
(しき)

答え （　　　　　　　）

3 つぎのように 数字が ならんで います。18番目の 数字
は いくつですか。(15点)
3, 11, 19, 27, …

（　　　　　　　）

86

4 下の 図のように タイルを ならべて 図形を つくります。9番目の 図形は タイルが 何まい ありますか。

(20点)

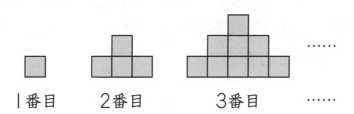

1番目　　2番目　　　3番目　　……

（　　　　　　　　）

5 あめ 1こと ガム 3こを 買うと，だい金は 26円で，あめ 1こと ガム 2こを 買うと，だい金は 19円です。あめ 1こと ガム 1この ねだんは それぞれ 何円ですか。(20点)

あめ（　　　　　　）　ガム（　　　　　　）

6 大きい 数と 小さい 数が あります。2つの 数を たすと 47で，大きい 数から 小さい 数を ひくと 9です。小さい 数は いくつですか。図を かいて もとめましょう。(20点)

（　　　　　　　　）

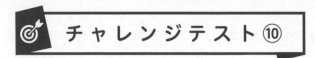

チャレンジテスト⑩

答え ▶ べっさつ27ページ

| 時 間 | 30分 | とく点 |
|---|---|---|
| 合かく | 80点 | 点 |

1　クッキーが　36まい　ありました。何まいか　食べ，17まい　買ったので，45まいに　なりました。 クッキーを　何まい　食べましたか。(10点)

（しき）

答え（　　　　　　　　　）

2　ジュースが　700mL　あります。お茶は　ジュースの　2倍より　200mL　少ないです。ジュースと　お茶を　あわせると　何L何mL　ありますか。(10点)

（しき）

答え（　　　　　　　　　）

3　つぎのように　数字が　ならんで　います。12番目の　数字は　いくつですか。(10点)

150, 141, 132, 123, …

（　　　　　　　　　）

4 下の 図のように 1つの 辺の 長さが 1cmの 正方形を ならべて 図形を 作ります。

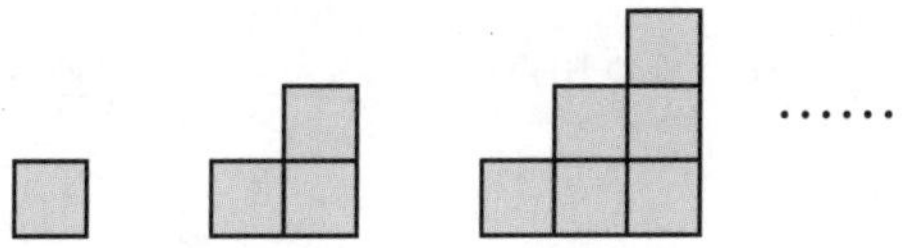

1番目  2番目  3番目  ……

(1) 4番目の 図形の まわりの 長さは 何cmですか。(10点)

( 　　　　　 )

(2) 9番目の 図形の まわりの 長さは 何cmですか。(20点)

( 　　　　　 )

5 木の ぼうが 1本 あります。この ぼうを 切った 木の 長さが 同じに なるように 6回 切ると，切った 木の 長さは 8cmに なりました。木の ぼうの はじめの 長さは 何cmですか。(20点)

( 　　　　　 )

6 ももと りんごを 1こずつ 買いました。2つの ねだんを あわせると 400円で，ももの ねだんから りんごの ねだんを ひくと 200円です。ももと りんごの ねだんは それぞれ 何円ですか。(20点)

もも ( 　　　　　 ) りんご ( 　　　　　 )

| 時 間 | 30分 | とく点 |
|---|---|---|
| 合かく | 80点 | 点 |

そうしあげテスト①

1 時計を 見て, 答えましょう。(30点/1つ10点)

(午後)

(1) 30分 たつと, 何時何分ですか。

( )

(2) 1時間20分 たつと, 何時何分ですか。

( )

(3) 2時間30分前は 何時何分ですか。

( )

2 □に あてはまる 数を 書きましょう。(20点/1つ10点)

(1) バスに おきゃくが 23人 のって いました。つぎの て
いりゅうじょで 5人 おりましたが, □人 のって
きたので, のって いる おきゃくは 26人に なりました。

(2) みかんが □こ あります。2こずつ 18人に あげ
ると, 1こ のこりました。

3 お姉さんの せの 高さは 1m53cmです。わたしが,
38cmの 台に のぼると, わたしの ほうが 10cm 高く
なります。わたしの せの 高さは どれだけですか。(10点)
(しき)

答え ( )

4 図のように はこを リボンで むすぶ
   には, 何cmの リボンが いりますか。
   むすび目には 12cm つかいます。(10点) 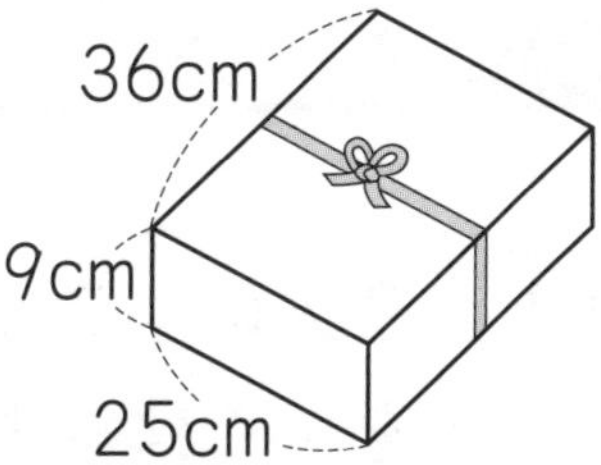
   (しき)

                    答え (          )

5 ゆいさんの ちょ金は 865円でした。今日 おばさんに
  1000円 もらったので, 950円の 本を 買い, のこりを
  ちょ金しました。ちょ金は いくらに なりましたか。(5点)
  また, あと 何円で 1000円に なりますか。(5点)
  (しき)

          答え ちょ金 (          ) あと (          )

6 図を 見て, □に あう 数を 書きましょう。(10点/1つ5点)

        家       ポスト        学校           えき

        ─458m─  〒                    ─710m─  〇〇えき
        ┈┈┈┈┈┈┈┈┈┈┈┈┈┈1800m┈┈┈┈┈┈┈┈┈┈┈┈┈┈

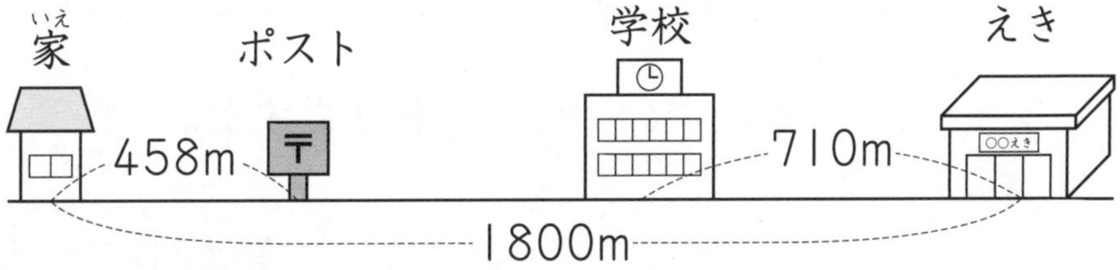

   家から 学校までは [          ] m, 学校から ポストまでは

   [          ] mです。

7 右の 図を 見て, □に
   あう 数を 書きましょう。

              (10点/1つ5点)

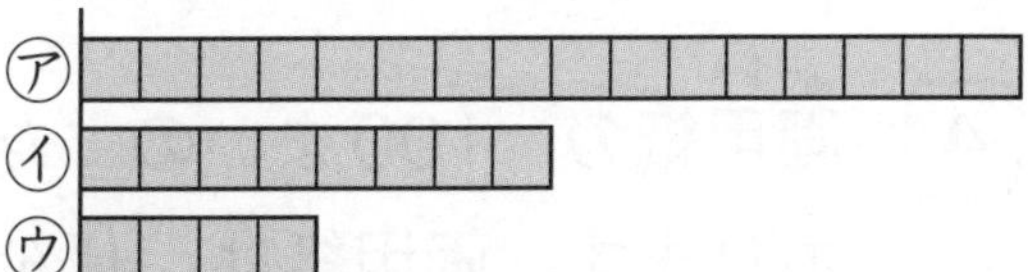

   ㋑は ㋒の [    ] 倍, ㋒は ㋐の [    ] です。

(91)

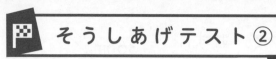

**1** 9人に こう茶を 出します。1人に 3こずつ 角ざとう を くばりましたが, まだ 16こ のこって います。角ざ とうは はじめ 何こ ありましたか。(10点)

(しき)

答え (　　　　　　)

**2** かさの 大きい じゅんに ならべましょう。(10点/1つ5点)

(1) 3000mL, 2L, 40dL

(　　　　→　　　　→　　　　)

(2) 3L8dL, 30dL, 2L3dL, 4L

(　　　→　　　→　　　→　　　)

**3** 1はこ 8こ入りの クッキーを 9はこ 買いました。

(20点/1つ10点)

(1) クッキーは, ぜんぶで 何こ ありますか。

(しき)

答え (　　　　　　)

(2) あとから もう1はこ 買いました。ぜんぶで 何こに な りましたか。

(しき)

答え (　　　　　　)

**4** 画用紙の 100まいの たばが 10, 10まいの たばが 26 あります。画用紙は ぜんぶで 何まい ありますか。(10点)

(しき)

答え (　　　　　　)

⑤ りこさんの 学校の 人数を しらべました。子どもは 男の子が 425人，女の子が 446人，先生は 33人でした。みんなで 何人ですか。(10点)

(しき)

答え （ 　　　　　　 ）

⑥ 1まい 10円の 画用紙を 8まいと，650円の クレヨンを 買いました。あわせて 何円ですか。(10点)

(しき)

答え （ 　　　　　　 ）

⑦ 下の 図の □に あう 長さを 書きましょう。(15点)

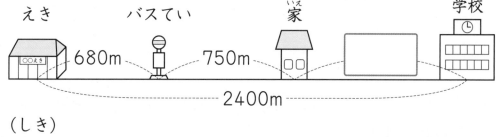

えき 　　　バスてい 　　　家 　　　　　　学校
680m 　　　750m
2400m

(しき)

⑧ ゆきさんは 1しゅう間で 1L5dLの 牛にゅうを のみました。弟は ゆきさんより 6dL 多く のみ，妹は ゆきさんより 3dL 少なく のみました。3人が のんだ 牛にゅうの りょうは 何L何dLですか。(15点)

(しき)

答え （ 　　　　　　 ）

## そうしあげテスト③

答え ▶ べっさつ30ページ

| 時間 | 30分 | とく点 |
|---|---|---|
| 合かく | 80点 | 点 |

1　右の グラフは さな さんの 学校の 2年生で, 休んだ 人の 数(かず)を あらわした ものです。(12点/1つ4点)

〈休んだ 人の 数〉

| | 1 | 2 | 3 | 4 | 5 | 6 | 7 | 8 | 9 | 10 |
|---|---|---|---|---|---|---|---|---|---|---|
| 月 | ● | ● | ● | ● | ● | ● | ● | ● | | |
| 火 | ● | ● | ● | ● | | | | | | |
| 水 | ● | ● | | | | | | | | |
| 木 | ● | ● | ● | | | | | | | |
| 金 | ● | ● | ● | ● | ● | | | | | |
| 土 | ● | ● | ● | ● | ● | ● | ● | | | |

(1) 3人 休んだのは 何曜日(なんようび)ですか。

（　　　　　　　　）

(2) いちばん 多(おお)く 休んだ 日と, いちばん 少(すく)ない 日の ちがいは 何人ですか。
(しき)

答(こた)え（　　　　　　　　）

(3) 月, 火, 水に 休んだ 人の 人数(にんずう)の 大小を, ＞を つかって あらわしましょう。

（　　　　　　　　）

2　2, 6, 9の 3まいの カードを ならべて できる 数を みんな 書(か)きましょう。つぎに, いちばん 大きい 数に 〇, いちばん 小さい 数に △を つけましょう。(10点)

（　　　　　　　　）

3 1つの 辺の 長さが 8cmの 正方形が あります。この 正方形の まわりの 長さは 何cmですか。(10点)

（しき）

答え （　　　　　　　　）

4 おり紙を 25まい もって いました。妹に 8まい あげて，お姉さんから 9まい もらいました。おり紙は 何まいに なりましたか。しきは 2とおり 考えましょう。

（しき）

（しき） (10点)

答え （　　　　　　　　）

5 下の ものさしで 左の はしから ㋐，㋑，㋒までの 長さを，cmと mmの たんいを つかって 答えましょう。また，mmの たんいだけを つかって 答えましょう。(12点/1つ2点)

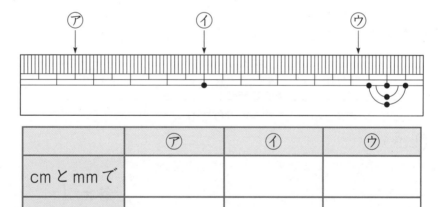

|  | ㋐ | ㋑ | ㋒ |
|---|---|---|---|
| cmとmmで |  |  |  |
| mmだけで |  |  |  |

6 1はこ 6こ入りの アイスクリームが 9はこ ありました。1人 3こずつ 8人で 食べました。のこって いる アイスクリームは 何こですか。(10点)

（しき）

答え （　　　　　　　　）

**7** 下の 形を, (1)から (4)の なかまに 分けましょう。

(16点/1つ4点)

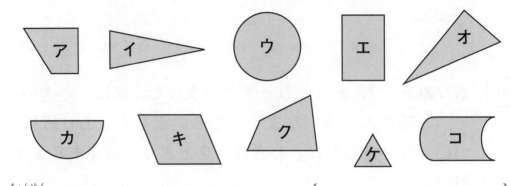

(1) 直線だけで できて いる 形　　（　　　　　　　　　）

(2) 四角形　　　　　　　　　　　　（　　　　　　　　　）

(3) 三角形　　　　　　　　　　　　（　　　　　　　　　）

(4) 直角が ある 形　　　　　　　　（　　　　　　　　　）

**8** 花だんの 長さは 何mですか。(10点)

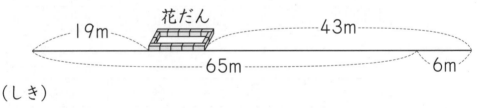

（しき）

答え （　　　　　　　　　）

**9** 1000円さつを もって 買いものに 行きました。絵のぐ
を 買ったら,「60円 まけて あげるよ。」と 200円 お
つりを くれました。絵のぐは いくらで 買いましたか。

（しき）

(10点)

答え （　　　　　　　　　）

小2

# ハイクラステスト
# 文章題・図形
## 答え

おうちの方へ

この解答編では，おうちの方向けに問題の答えや
学習のポイント，注意点などを載せています。答え
合わせのほかに，問題に取り組むお子さまへの説明
やアドバイスの参考としてお使いください。本書を
活用していただくことでお子さまの学習意欲を高め，
より理解が深まることを願っています。

# 1 10000までの 数（かず）

**標準クラス**

**1** (1) 270, 100
(2) 5000, 5, 50

**2** (1) 986→968→931→913
(2) 320→302→230→203

**3** （○で かこむ 数（かず））
(1) 1091
(2) 8105
(3) 9439
(4) 3753

**4** (1) 400
(2) 4800
(3) 950
(4) 4000
(5) 200

**5** （しき）400+200=600
（答（こた）え）600円

**6** （しき）200−180=20
（答え）20こ

**ハイクラス**

**1** (1) 三百二十三 (2) 二百四
(3) 547 (4) 813

**2** (1) 8530 (2) 3058
(3) 5380 (4) 5830

**3** (1) 5, 6, 7, 8, 9
(2) 5, 6, 7, 8, 9
(3) 7, 8, 9
(4) 4, 5, 6, 7, 8, 9

**4** （考（かんが）え方（かた）と しき）
100まいの たば 58たばで 5800まい
10まいの たば 9たばで 90まい
5800+90=5890
（答え）5890まい

**5** （考え方と しき）
1000まいの たば 5たばで 5000まい
100まいの たば 10たばで 1000まい
5000+1000−2000=4000
（答え）4000まい

## 指導のポイント

**1** 漢数字で書いてある，千，百，十は右のような位取りの表の位を示していることを理解することが大切です。

| 千の<br>くらい | 百の<br>くらい | 十の<br>くらい | 一の<br>くらい |
|---|---|---|---|
|  |  |  |  |

**? わからなければ** 漢数字での表し方を理解するには，漢数字を読んで，上のような位取りの表におはじきなどを置かせましょう。

**2** 一番大きい位から順に，同じ位どうしで比べることが大切です。同じ位の数が同数のときは，1つ下の位で比べます。

**? わからなければ** 1で取り上げた「位取りの表」に，おはじきなどを置きながら数えると，わかりやすくなります。

**3** 比べる2つの数を，一番大きい位から同じ位どうしで大きさ比べをすることが大切です。比べた位の数が同じならば，1つ下の位どうしで比べることを理解させるようにします。

**4** 1が10個集まって10，10が10個集まって100，100が10個集まると1000になることを理解させます。

**5 6** 何十，何百のたし算やひき算は，10の束や100の束がいくつあるかを考えて計算します。

**? わからなければ** 十円玉や百円玉を使うと，具体的で分かりやすいです。

**1** 十の位や一の位に数字（漢数字）がない場合は，数字で表す場合，0を書くことを忘れないように注意させます。

**? わからなければ** 位取りの表に，おはじきなどを置いて数を表します。数字に直して書くと考えやすくなります。

**2** 4けたの数なので，0が千の位にはいることはありません。
一番大きい数では，千の位から大きい順に並べます。一番小さい数では，千の位から小さい数を順に並べていきますが，0は百の位に置きます。

**? わからなければ** カードをつくって，位取りの表にカードを置いて，どんな数ができるのかを考えさせます。

**3** □にあてはまる数を選んで，全部書きます。
□に，比べる数の同じ位と同じ数を入れるとわかりやすいです。

**4 5** 1000枚の束，100枚の束と10枚の束とを別々に考えさせます。それぞれの数を，位取りの表におはじきやブロックを置いて表すと，全部の数がわかりやすくなります。

# 2 たし算と ひき算の 文しょうだい ①

p.6～9

## ⊤ 標準クラス

**1** (しき) 29+24=53
(答え) 53本

**2** (しき) 17+24=41
(答え) 41人

**3** (しき) 58+26=84
(答え) 84まい

**4** (しき) 15+17=32
(答え) 32ひき

**5** (しき) 80-50=30
(答え) 30ページ

**6** (しき) 70-50=20
(答え) はるなさんの ほうが 20まい 多い。

**7** (しき) 39-24=15
(答え) 15人

**8** (しき) 36-12=24
(答え) 24本

## ➡ ハイクラス

**1** (しき) 35+29+20=84
(答え) 84ページ

**2** (しき) 34+47=81
(答え) 81こ

**3** (しき) 26+17+14=57
(答え) 57こ

**4** (しき) 44+39=83
(答え) 83人

**5** (しき) 55-24-20=11
(答え) 11人

**6** (しき) 36-13=23
(答え) 23人

**7** (しき) 58-35=23
(答え) 23回

**8** 38, 89
(しき) 89-38=51
(答え) 51まい

---

## 📖 指導のポイント

**1** たし算の文章題です。まず,問題文をよく読みます。赤い花と黄色い花を合わせるとよいことが理解できれば,難しくありません。

**? わからなければ** 「赤い花が何本? 黄色い花が何本?」と,要点をたずねてみましょう。

**2** 前から17人目がけんとさんなので,17人の中にけんとさんがはいっていることを理解させます。

**? わからなければ** 図や絵をかいて,場面を考えさせるようにします。

けんと

⎿—17人—⏌ ⎿—24人—⏌

**3 4** 問題文をよく読んで,問題場面をとらえさせます。

**5** ひき算の文章題です。問題場面をテープ図にかいて考えさせます。

**6** 問題文をよく読んで,問題場面を把握させます。

**7** 「あと何人」の言葉に気をつけて,問題場面を把握させます。数量の関係をつかませることが大切です。

**8** 1ダースは12本ということを,箱入りの鉛筆で数えさせて,1ダースについて理解させます。

**1** 3つの数のたし算です。問題文をよく読んで,3日間に読んだページ数を順にたすことを理解させます。1つの式ではなく,35+29=64,64+20=84 のように,2つの式で考えていても構いません。

**2～4** 問題文をよく読んで,問題場面をとらえさせます。3つの数のたし算のときには問題文に出てきた順にたしましょう。筆算をするとき,位をそろえて書くことや,繰り上がりに気をつけさせるようにしましょう。

**5** 全体の大きさから,2つの数をひいて残りを出す問題であることをとらえることが大切です。

**? わからなければ** 全体から,2つの部分をひくと,何が残るか考えながら計算すると,理解が深まります。

**6** 13番目にまさとさんが学校へ着いたとき,学校には何人いるかをどうとらえているかがポイントです。

**? わからなければ** 前から順に並ぶ問題に置き換えて,図で説明してみましょう。

**7** 「あと何回」の言葉に気をつけて,問題場面を把握させます。

**8** 全体から部分をひくと,もう1つの部分が求められます。

(全体)

(部分) (部分)

# 3 たし算と ひき算の 文しょうだい ②

## 標準クラス

**1** (しき) 84+78=162
(答え) 162 さつ

**2** (しき) 65+76=141
(答え) 141 人

**3** (しき) 24−15=9
(答え) 9 人

**4** (しき) 36−17=19
(答え) 19 人

**5** (しき) 500+100=600
(答え) 600 回

**6** (しき) 120+700=820
(答え) 820 円

**7** (しき) 500−70=430
(答え) 430 円

**8** (しき) 480−200=280
(答え) 280

## ハイクラス

**1** (しき) 87+93=180
(答え) 180 回

**2** (しき) 56+34+44=134
(答え) 134 人

**3** (しき) 81−24=57
(答え) 57 さつ

**4** (しき) 34+27−18=43
(答え) 43 まい

**5** (しき) 9+12−18=3
(答え) ひろとさんの ほうが 3本 多い。

**6** (しき) 37+245=282
(答え) 282 まい

**7** (しき) 753−6=747
(答え) 747 人

**8** (しき) 683−51=632
(答え) 632 円

---

## 📖 指導のポイント

**1** 「本だな全体」なので，上の段の本と下の段の本を合わせるたし算の場面であることをとらえて考えます。
**？わからなければ** 絵にかくとたし算の場面を理解しやすくなります。位をそろえて下の位から計算をします。
**2** 「みんなで」何人かを考えます。
**3** 「午前11時」や「午後2時」の言葉はなくてもよいものです。くつの数を人数に置き換えて考えさせます。
**4** 子どもの数だけケーキが必要です。はじめのケーキは36個，余りは17個だから配ったケーキは19個。
答えは「19個」なのか「19人」なのか考えさせ，たずねているのは，子どもの数だから，19人が正しいことを確認させましょう。
**5** 百を単位としてみるたし算の問題です。
5+1 をもとにして，考えることができます。
**6** 2けたの数までのたし算の学習をもとにして，考えます。
**？わからなければ** 位をそろえて，下の位から筆算をします。実際にお金を使って考えさせるとよいでしょう。
**7** 実際にお金を使って買い物の場面を体験させてみましょう。繰り下がりにも気をつけなければなりません。
**8** 問題文に書いてある通りの式をつくってみましょう。
200+□=480 から考えさせましょう。

**1** 「あわせて」から，なわとびの合計回数を求めることが理解できていることが大切です。
**？わからなければ** 筆算の形にしたとき，位ごとに色分けするとわかりやすくなります。
**2** 3つの数の計算になります。大人の56人と小学生44人を先にたすと，100人になります。工夫して計算できるように式を見ることも大切です。
**？わからなければ** 問題文に出てきた人数の順に，2つの数の計算を2回として計算してみましょう。
**3** 答えを求めるのに必要な数はどれか見つけて，問題を解くようにします。
**4** 話に出てくる順に式を書いていきます。「あげる」という言葉は，増えるのか減るのかを考えさせましょう。
**5** 1ダース＝12本 を鉛筆の箱を見せて教えましょう。
**6** 2けたの数までのたし算の学習をもとにして，2けたの数に，3けたの数を加えることを考えます。
**？わからなければ** はじめに持っていた枚数を求めます。問題場面を十分に理解させてから，立式させましょう。
**7** 3けたの数で繰り下がりのある文章題です。繰り下がりに気をつければ難しくない問題です。
**8** 2けたの数までのひき算の学習をもとにして考えさせます。2けたの数までの計算の理解を確実にします。

# 4 ( )の ある しき

## 標準クラス

**1** (しき) 30−(18+2)=10
(答え) 10まい

**2** (しき) 32−(12+8)=12
(答え) 12こ

**3** (しき) 43+(21+9)=73
(答え) 73こ

**4** (しき) 26−(3+2)=21
(答え) 21こ

**5** (しき) 30−(16+4)=10
(答え) 10さつ

**6** (しき) 18+(19+2)=39
(答え) 39人

**7** (しき) 83−(7+36)=40
(答え) 40こ

## ハイクラス

**1** (しき) (36+34)−(18+16)=36
(答え) 36人

**2** (しき) 73−(34+8)=31
(答え) 31ページ

**3** (1) りつさんの 学年の 2学きの
男の子の 人数

(2) 1学きの おわりの りつさんの
学年の 人数

**4** (しき) 150−(32+59)=59
(答え) 59円

**5** (しき) (12−7)+5=10
(答え) 10本

**6** (しき) 41−(7+6)=28
(答え) 28まい

**7** (しき) 150−(50+60)=40
(答え) 40こ

---

## 📖 指導のポイント

**1** ( )の中は，先に計算します。( )を使った式の計算の約束を理解させます。

**?わからなければ** ( )の中の計算を先にして，1つの数にします。たし算とひき算が混じっているので，たすのか，ひくのかはっきりさせて計算をします。

**2 3** 何を( )の中に入れて式を立てたらよいかが大切です。

**?わからなければ** はじめにあった数をもとに文章をよく読んでどんな計算をするのか考えることがコツです。

**4〜7** それぞれの問題で，どの部分を( )の中に入れて式を立てるのかがポイントになります。

**4** お兄さんと私の2人が食べたみかんの数は，3+2で求められます。これを( )の中に入れて，式を立てることが理解できていることが大切です。

**5** 本だなの上の段と下の段に分けて考えます。下の段にある2種類の本の冊数を先にたして考えます。

**6** 女の子の人数は，出席者と欠席者を合わせた人数になることを，読み取らなければなりません。

**?わからなければ** 男の子と女の子の人数を，別々に分けて考えるようにします。

**7** どんぐりでは，2種類のものを作っていて，そのために使ったどんぐりの数は，7+36になることが理解できていることが大切です。

**1** 学年の人数を求める問題です。全体の人数を求めて女の子の人数をひく方法と，1組と2組の人数を別々に求める方法があります。

(36−18)+(34−16)=18+18=36

**?わからなければ** 何をまとめて計算すれば計算しやすいか考えます。

**2** 読んだページ数から残ったページ数を求める問題です。

**?わからなければ** 図にかいて全体のページ数，読んだページ数をイメージすることが大切です。

**3** りつさんの学年の人数が，1学期末と2学期では変わっていることを，時間の経過にそって読み取らなければなりません。
1つずつの数の意味を考えると，何を表している式なのか理解できます。

**?わからなければ** 問題文を声に出して読ませます。それから，( )の中が何を表しているのか考えさせます。

**4〜7** 問題文を読んで，まとめて考えるところを見つけさせます。まとめて考えるところが，( )で囲まれるところです。

**?わからなければ** 問題文を声に出して読ませ，わかったところから図や絵にかくようにすると，理解しやすくなります。

1 (1)1050, 950
　(2)908, 914

2 (1)732
　(2)4830
　(3)9000
　(4)2000

3 (しき)128+45=173
　(答え)173こ

4 (しき)103−87=16
　(答え)16さつ

5 (しき)58+47=105
　　　　105−18=87
　(答え)87円

6 (しき)20+40=60
　　　　100−60=40
　(答え)40円

7 (しき)170−80=90
　　　　90−20=70
　(答え)70まい

8 (れい)けしゴムの　50円は，十円玉が　5こで，えんぴつの　80円は，十円玉が　8こだから，5+8=13 で，十円玉が　13こに　なるから，ぜんぶで　130円に　なります。

## 📖 指導のポイント

1 数の系列について理解させます。数の並びのきまりに気づかせます。
(1) わかっている数の差を手がかりに，いくつとびの並び方なのかを考えさせます。
そのあとで，増えていくのか減っていくのか考えるようにします。
❓ わからなければ 同じ数ずつ変化していることを知らせて考えさせます。数字の差から，50ずつ減っていることに気づかせます。
(2) 数の続いているところを手がかりに，いくつずつ増えているのかを考えさせます。
❓ わからなければ 2ずつ増えていることを確かめて，空欄の数を考えるようにさせます。
2 十進位取り記数法・数の構成についての理解を深めさせます。
❓ わからなければ (1)(2)は，位取りの表に，おはじきを置いて考えさせます。(3)(4)は，数の大小を考えて位をそろえて同じ位どうしを計算します。
3 たし算の文章題です。
問題場面を図に表してから式を立てるようにすると，考えやすくなります。
4 ひき算の文章題です。
問題に出てくる数の順番で計算する子どもがいます。問題場面を十分に理解させましょう。
❓ わからなければ 問題場面がよく理解できているか確かめてから，式を立てさせるようにします。

5 「〜より〜高い」「〜より〜安い」を読み取り，みかんとかき，かきとりんごのどちらの値段が高いのかを理解することが大切です。
6 「100までの数」の学習に関係する文章題です。10を単位とした数で考えさせます。
❓ わからなければ 十円玉で何個分か考えさせると，あめとガムの代金は十円玉が6個ということがわかります。
あめ　　　　　　　ガム
⑩⑩　　　⑩⑩⑩⑩
十円玉が2個と4個で，十円玉が6個(60円)
7 「1000までの数」の学習に関係する，10を単位としたひき算の文章問題で，繰り下がりがあります。10の束を単位として考えると，17(束)−8(束)=9(束)，9(束)−2(束)=7(束) となり，170−80=90，90−20=70 になることを，理解しやすくなります。
❓ わからなければ 色紙の枚数も数字をお金に置き換えて，十円玉を使って考えさせてみましょう。
170まい → 170円 → 十円玉が17個
　80まい → 80円 → 十円玉が8個
　20まい → 20円 → 十円玉が2個
17−8=9 → 十円玉が9個 → 90円 → 90まい
　9−2=7 → 十円玉が7個 → 70円 → 70まい
8 6 7の問題と同じように，10を単位としたたし算の説明をする問題です。なぜ，そう考えたのかを分かりやすく説明するのは難しいけれど大切なことです。言葉で説明したあと，文章で書かせてみましょう。

1 (しき) 600+50+300=950
(答え) 950円

2 (しき) 64−37=27
(答え) 赤い 色紙が 27まい 多い。

3 (しき) 52+38=90
90−15=75
(答え) 75まい

4 (しき) 500+300=800
1000−800=200
(答え) 200円

5 (しき) 65−35−18=12
(答え) 12人

6 (しき) 56+48+44=148
(答え) 148さつ

7 (れい) はじめに とって いた いちごは
何こですか。
(答え) 32こ

8 (しき) 26−(7+9)=10
(答え) 10こ

## 📖 指導のポイント

1 お金の計算です。位取りの表を使って考えさせることもできます。10が10個で100，10が20個で200，10が30個で300になることを，理解していなければなりません。

❓わからなければ 実際にお金を用意して，数えさせてみましょう。

2 差を求める問題です。まず，どちらが多いかを考えてから計算させます。繰り下がりにも気をつけましょう。

❓わからなければ 問題場面を図にかいて考えさせます。

3 2けたの数どうしのたし算とひき算で，繰り上がり，繰り下がりのある文章題です。十の位に繰り上がっていること，また，十の位から繰り下がっていることを忘れないように注意して計算させましょう。

❓わからなければ 「のこりは」という言葉に注目させます。

4 「1000までの数」の学習に関係する，100を単位としたたし算とひき算の文章題です。ブロックや百円玉を使って，100を単位とした数で考えさせます。

❓わからなければ 百円玉で何個分か考えさせると，ハンカチとメモ帳の代金は百円玉が8個ということがわかります。

5 兄弟がいるかどうか，アンケートをとったことをもとに書いた文章を読み取って答える問題です。

❓わからなければ わかっていることを順番に書きながら状況をつかむことが大切です。「兄や弟がいる」「兄や弟がいない」「弟がいない」を順序よく整理して考えます。
65人のうち35人は「兄や弟がいない」
→65−35=30 「兄や弟がいる」
30人のうち18人は「弟がいない」
→30−18=12 「弟がいる」

6 3つの数のたし算にして考えます。問題文を読んで3つの数を順にたす式を書きます。数を2つずつ順番に取りだして計算しても，3段の筆算にしてもよいでしょう。

7 たずねている文を考えることで，文章題の理解を深めます。50−(38−20) の式が何を表しているのか，下のようなテープ図などをかいて考えさせます。

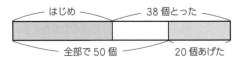

38個とって20個あげたから，増えたのは，
38−20=18 18個だけです。
はじめの数と18個を合わせて50個だから，
50−(38−20)=32
または，38−20=18
50−18=32 でもよいですが，( )を使った式で考えられるようにしましょう。

8 問題文を読んで3つの数の式を立てて考えます。できるだけ簡単に計算できるように考えて，式を立てられるようになることが大切です。( )を使って，より簡単に計算できるように工夫させましょう。また，工夫して計算することが，今後の計算を速く確実にすることにつながります。

❓わからなければ まず，順々に計算し，その後，簡単な計算方法を考えさせるようにしましょう。

# 5 かけ算の 文しょうだい ①

p.22〜25

## ⅴ 標準クラス

**1** （しき）2×6=12
（答え）12本

**2** （しき）5×4=20
（答え）20こ

**3** （しき）4×9=36
（答え）36こ

**4** （しき）3×8=24
（答え）24人

**5** （しき）4×5=20
（答え）20人

**6** （しき）3×7=21　2×9=18
　　　　21+18=39
（答え）39人

**7** (1)9　(2)8
(3)6　(4)7
(5)3×6，18　(6)4×7，28

**8** （しき）4×3=12　2×3=6
　　　　12+6=18
（答え）18人

## → ハイクラス

**1** （しき）3×8=24
（答え）24まい

**2** （しき）2×4=8
（答え）8こ

**3** （しき）3×7=21
（答え）21こ

**4** （しき）5×7=35　　35−1=34
（答え）34こ

**5** （しき）2×4=8
（答え）8日

**6** （しき）3×6=18　18+5=23
（答え）23本

**7** (1)5，3（6，1でも可）
(2)5，2

**8** （しき）3×4=12　12−2=10
　　　　5×2=10　10−4=6
　　　　10+6=16
（答え）16こ

## 📖 指導のポイント

**1**〜**5** 「同じ数ずつ」「いくつ分」かを読み取らなければなりません。同じ数ずつどのような状態にあるのかを考えて、かけ算の式に表します。

**❓ わからなければ** 図をかいたりブロックやおはじきを置いたりして、同じ数ずつ並んでいることを確かめさせます。「同じ数ずつ」「いくつ分」かわかったら、
（同じ数ずつ）×（いくつ分）で表すようにさせます。

**6** 長いすが、2種類あることを読み取らなければなりません。それぞれに何人ずつ座れるか考えます。

**7** (1)〜(4)では、例えば(1)は、「2の□倍は18」のように、問題を読む順を変えて考えるようにします。
(5)(6)では、「何の何倍」は「何のいくつ分」と同じと考えて、かけ算の式をつくります。

**8** 4人乗りの自動車に乗った人と2人乗りの自動車に乗った人がいることを読み取ります。4人乗りに乗った人と2人乗りに乗った人を合わせて、公園に行った人になります。

**❓ わからなければ** ブロックやおはじきなどを使って、4人乗りの自動車に乗った人と2人乗りの自動車に乗った人を考えさせます。

**1**〜**3** 「同じ数ずつ」「いくつ分」かを問題文から読み取り、かけ算の式をつくります。

**4** 問題をよく読んで、5個ずつ7袋分のチョコレートの数を求めさせます。いくつたりないのかを読み取れば、チョコレートの総数を求めることができます。

**5** 休みの日数をたずねています。2日ずつ4回休みがあることを読み取らなければなりません。

**6** 問題文の中には、1つの三角形を作るのに棒を3本使うとは書いていません。図を見て、1つ作るのに3本必要なことをとらえます。

**❓ わからなければ** 実際に作らせてみましょう。

**7** 並んでいる〇を、「1つ分の大きさ」に着目して考えさせます。
(1)では、「1つ分の大きさ」が2のときを考えさせます。
(2)では、「1つ分の大きさ」が3のときを考えさせます。全体の数は13なので、「1つ分の大きさ」の「いくつ分」で、たりなくなる数と余る数を考えさせます。

**8** 2種類のものの個数をそれぞれ求めて考えます。

# 6 かけ算の 文しょうだい ②

## 標準クラス

**1** (しき) 6×7=42
(答え) 42こ

**2** (しき) 7×8=56
(答え) 56人

**3** (しき) 8×5=40
(答え) 40もん

**4** (しき) 9×6=54
(答え) 54こ

**5** (しき) 8×8=64
(答え) 64こ

**6** (しき) 6×8=48
(答え) 48人

**7** (しき) 6×7=42
(答え) 42本

**8** (しき) 9×7=63
　　　　63+5=68
(答え) 68まい

## ハイクラス

**1** (しき) 8×3=24　24-4=20
(答え) 20こ

**2** (しき) 6×3=18　18+3=21
　　　　(または，7×3=21)
(答え) 21こ

**3** (しき) 8×4=32　32+4=36
(答え) 36こ

**4** (しき) 5+3=8　9×8=72
(答え) 72本

**5** (しき) 7×8=56
(答え) 56本

**6** (しき) 6×7=42　42+5=47
(答え) 47まい

**7** (しき) 6×3=18　18-2=16
(答え) 16こ

**8** (しき) 8×5=40　40+40=80
　　　　80-15=65
(答え) 65こ

---

📖 指導のポイント

**1** 問題文に出てくる数は7袋分が先ですが，「何のいくつ分」か考えれば容易に式をつくることができます。

**2** 7人のグループが8つあることを読み取ります。

**3** 「毎日8問ずつ」は，「1日に8問ずつ」解くと考えます。

**4** 「1つ分の大きさ」と「いくつ分か」が順序よく示されています。○のいくつ分か考えて式をつくります。

**5** 「1袋に8個」で8袋用意することを読み取って式をつくります。

**6** 1脚に1人座れることがわかれば，容易です。
❓わからなければ 「6脚ずつ8列」は図をかくと，1列に6脚ずつ8列分あるととらえられます。

**7** 半ダースは6本です。「ダース」がわからないときは，1ダースは12本と，この機会に教えましょう。
❓わからなければ 1箱分6本をブロックで表して，全部の数を考えさせます。

**8** 残った枚数をどうしたらよいのかがポイントです。
❓わからなければ 配った総数と残りの数で，もとの数になることを説明します。

**1** 問題文から，「1袋に8個ずつ3袋分」をとらえさせます。余りの数をひくのを忘れないようにします。
❓わからなければ ブロックやおはじきなどで，全体の数を考えるようにします。

**2** 1パック6個入りにおまけが1個つくので，1パック7個入りと考えて計算することもできます。
❓わからなければ 1パックごとにブロックで考えます。

**3** 問題文から，机が「1列に8個ずつ4列分」と4個あることを読み取ることが大切です。

**4** まず，班の合計人数が何人かを考えます。そして，「1人9本ずつ8人分」の式を考えさせます。
❓わからなければ 「1つ分の大きさ」が「いくつ分」か考えさせます。

**5** 7本ずつ8束分であることを読み取ります。

**6** 余った5枚もはじめにあった色紙なので，6枚ずつ7人分と余りをたして総数を求めます。

**7** はじめにあった数から食べた数をひくと求められます。

**8** お菓子の箱が2箱あるというのがポイントです。

8

# 7 分数

## 標準クラス

**1** (1) $\frac{1}{2}$ (2) $\frac{1}{3}$ (3) $\frac{3}{4}$ (4) $\frac{4}{6}$

(5) $\frac{5}{8}$ (6) $\frac{2}{9}$

**2** (1) $\frac{1}{4}$ (2) 4まい

**3** (1) ウ (2) オ (3) エ, カ

(4) $\frac{1}{3}$ (5) $\frac{1}{8}$ (6) $\frac{1}{4}$

## ハイクラス

**1** (1) $\frac{1}{2}$ (2) $\frac{1}{3}$ (3) $\frac{1}{6}$ (4) 6つ

**2** ア, ウ, オ, キ, ク

**3** (1) キ (2) ア (3) カ (4) エ
(5) ウ

**4** (れい)もとの ⑦の 紙と ④の 紙の
大きさが ちがうから。

---

📖 **指導のポイント**

**1** (1) 2つに分けたうちの1つ分なので, $\frac{1}{2}$ です。

(2) 3つに分けたうちの1つ分なので, $\frac{1}{3}$ です。

(3) 4つに分けたうちの3つ分なので, $\frac{3}{4}$ です。

(4) 6つに分けたうちの4つ分なので, $\frac{4}{6}$ です。

(5) 8つに分けたうちの5つ分なので, $\frac{5}{8}$ です。

(6) 9つに分けたうちの2つ分なので, $\frac{2}{9}$ です。

**2** (1) 4つに分けたうちの1つ分なので, $\frac{1}{4}$ です。

(2) 4つに分けたうちの1つ分なので, 4枚でもとの大きさになります。

**3** (1) アは10個に分けたうちの8つ分なので, 10個に分けたうちの4つ分になっているものを選びます。

(2) エは10個に分けたうちの2つ分なので, 10個に分けたうちの1つ分になっているものを選びます。

(3) 10個に分けたうちの2つ分になっているものを選びます。

(4) イは10個に分けたうちの6つ分です。

(5) オは10個に分けたうちの1つ分です。

(6) カは10個に分けたうちの2つ分です。

**1** (1) 赤い○の数で考えます。赤い○は全部で6個あって, ⑦はそのうちの3個分です。⑦を2つ集めると, もとの大きさになるから, ⑦は2分の1です。

(2) 赤い○の数で考えます。赤い○は全部で6個あって, ④はそのうちの2個分です。④を3つ集めると, もとの大きさになるから, ④は3分の1です。

(3) 赤い○の数で考えます。赤い○は全部で6個あって, ⑦はそのうちの1個分なので, 6分の1です。

(4) (3)から, ⑦が6つでもとの大きさになります。

**2** 色をぬったところを合わせたときに, 全体の半分になっていれば $\frac{1}{2}$ になります。

**3** もとのテープは18個のマスに分かれています。

(1) 6個集めたら18マスになるものを選びます。

(2) 2個集めたら18マスになるものを選びます。

(3) 9個集めたら18マスになるものを選びます。

(4) 3個集めたら18マスになるものを選びます。

(5) 18個集めたら18マスになるものを選びます。

**4** もとの紙の大きさが同じであれば, 「$\frac{1}{2}$の大きさ」は等しくなります。

**❓ わからなければ** 同じ大きさの紙を2枚と, 大きさの異なる紙を1枚用意し, それぞれを $\frac{1}{2}$ の大きさに切り分けて比べさせましょう。

1️⃣ (しき) 6×7=42
    (答え) 42まい

2️⃣ (しき) 6×3=18
        8×7=56
        18+56=74
    (答え) 74こ

3️⃣ (しき) 4×7=28
        6×3=18
        28+18=46
    (答え) 46こ

4️⃣ (しき) 4×6=24
        24+38=62
    (答え) 62まい

5️⃣ ア，ウ

6️⃣ エ

---

📖 指導のポイント

1️⃣ かけ算の文章題です。

❓わからなければ 1人分が何枚あるのか，問題場面を考えて，式を立てるようにさせます。
問題文に出てくる数字の順に式を立てて，7×6としがちです。問題場面をしっかりとらえて，たずねていることに答えることが大切です。

2️⃣ 計算は，解答例のようにかけ算とたし算を分けてする方法でします。

❓わからなければ 小さいお皿，大きいお皿の場合の2つに分けて，それぞれを説明して1つ1つ考えさせます。
1️⃣の問題と同様に，3×6，7×8と式をたてないように，気をつけさせます。

3️⃣ かけ算とたし算の文章題です。

❓わからなければ 問題場面を分けて，4個はいった袋と，6個はいった袋を別々に計算させ，たし算をするようにしてみましょう。
絵や図をかいて，問題場面をとらえさせましょう。

| 4こ | 4こ | 4こ | 4こ | 4こ | 4こ | 4こ | + | 6こ | 6こ | 6こ |

4️⃣ かけ算とたし算の文章題です。

「のこりました」という文章から，ひき算の問題だとまちがえないようにしましょう。
絵や図をかいて考えさせます。

5️⃣ 分数の問題です。

もとの大きさを確認し，色のついたところが全体の $\frac{1}{4}$ になっているものを選ばせます。

❓わからなければ 実際に折り紙を4等分に折り，「もとの大きさの折り紙を4つに分けた1つ分が $\frac{1}{4}$ の大きさになる。」ということを確認させましょう。

6️⃣ 分数の問題です。

マス目の数を数えて，もとの大きさの $\frac{1}{2}$ の図を選ばせます。

❓わからなければ 1とするアの大きさは，マス目6つ分の大きさです。イはマス目2つ分，ウはマス目6つ分，エはマス目3つ分，オはマス目4つ分，カはマス目5つ分であり，選択肢の図のマス目の数を数え，大きさを確認させましょう。そのあと，アの大きさの $\frac{1}{2}$ の図を，選択肢から考えさせましょう。

1 （しき）6×5=30
（答え）30こ

2 （しき）6×8=48
      5×7=35
      48+35=83
（答え）83こ

3 （しき）4×7=28
      28-3=25
（答え）25本

4 （しき）3+4=7
      8×7=56
（答え）56こ

5 (1) $\frac{1}{2}$   (2) $\frac{1}{8}$

   (3) $\frac{1}{6}$   (4) $\frac{1}{9}$

6 $\frac{1}{16}$

---

### 📖 指導のポイント

1 かけ算の文章題です。
「6個ずつ5箱」なので，
「6の5倍」→6×5 と式を立て，九九で求めます。

| 6こ | 6こ | 6こ | 6こ | 6こ |

⇨ 6こずつ
5はこある

2 かけ算とたし算の文章題です。
**? わからなければ** 問題場面を分けて，赤のビー玉と青のビー玉を別々に求めてから，たし算するようにしてみましょう。
1文ずつ順序よく考えさせましょう。

3 かけ算とひき算の文章題です。
まず「1人4本ずつ7人分」の式を考えさせます。
次に「たりません」という文章からひき算の式を立てます。
**? わからなければ** 問題のようすを，図にかいたり，ブロックを使ったりして考えさせましょう。

4 かけ算とたし算の文章題です。
男の子が3人，女の子が4人なので，全部で7人います。
「8個ずつ7人」なので，
「8の7倍」→8×7 と式を立て，九九で求めます。

| 8こ | 8こ | 8こ | 8こ | 8こ | 8こ | 8こ |

⇨ 8こずつ
7人にくばる

5 分数の問題です。
色がぬられているところが，もとの大きさの何分の1になっているかを考えさせます。
**? わからなければ** まず，問題の図が何等分されているかを考えさせましょう。

(1) 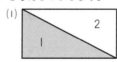 (2)

(3) 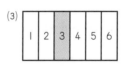 (4)

6 分数の問題です。
折り紙を折ったあと，折り紙が何等分されているかを考えさせます。
**? わからなければ** 問題と同じ手順で，実際に折り紙を折って考えさせましょう。折り紙を折ったあと，折り紙を広げると，次のような図になります。

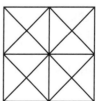

# 8 時こくと 時間

p.38〜41

## 標準クラス

1. 25分

2. 9時間

3. 7時10分

4. 5時30分

5. (1)1, 30
   (2)3, 30
   (3)20

6. 20分

7. 10時45分

## ハイクラス

1. 1, 60, 12, 2

2. ⑦7時13分　④7時42分
   (⑦から　④)　29分
   ⑦8時16分　①3時48分
   (⑦から　①)　7時間32分

3.

4. (1)午前9時8分
   (2)午後0時8分 (午前12時8分)
   (3)午後3時40分　(4)3時間

5. 午前8時27分

6. 午後2時35分

---

📖 指導のポイント

1. 時刻の推移を，時計から読み取ります。長針を正確に読み取ることができればよい問題です。

2. 9時と6時の時刻から，何時間ねたのか，短針の動きを考えればよい問題です。

3. 時計の針を読んで長針の動きを考え，時刻を読み取る問題です。

4. 30分後の時刻の推移を考えます。

❓わからなければ　30分たつと何時何分になるのか，実物の時計で考えるとよいでしょう。

5. 時刻の推移を，場面に合わせて考えます。長針と短針の関係が理解できていれば，わかりやすい問題です。

❓わからなければ　実物の時計を使って，針を動かして考えるとよいでしょう。

6. 10分単位，5分単位の時間を，正確に読み取れるようにし，長針の推移から，何分かかったかを読み取ります。

7. 何時から「何分」「何時間何分」過ぎるのか理解できれば求められます。

❓わからなければ　実際に時計で針を動かしてみて，時間の経過をとらえるようにすれば，時刻を知ることができます。
実物の時計で，長針は1分で次の小さい目盛りまで動くこと，長針が1回りすると，短針は次の数字まで進むことを確認します。

1. 長針，短針の動きや，時間と分との関係について確認します。

2. 時刻と時間を読み取る問題です。1分単位で時刻を読みます。
時刻は時の流れの位置を示し，時間は時刻と時刻の間隔を表します。

❓わからなければ　1分単位に読むことが難しい場合は，時計を使って5分ごとの時刻（○時5分，○時20分など）を読ませ，そのあと1分ずつ時間を進めて読ませましょう。

3. 時間の経過を考え，時計に表します。「長針が1回り」したら，1時間たったと理解していなければなりません。

4. 1分単位で時刻を読み，さらに午前・午後をつけて答えます。

5. ある一定の時刻より，前の時刻について考えます。

6. 問題文をよく読み，順に考えさせます。

3〜6. 子どもの生活の流れとたえず結びつけることが大切です。

4〜6. 生活の中でたえず午前・午後，○時間，○分間などの用語を使わせましょう。

# 9 長さ p.42～45

## ▼ 標準クラス

**1** 95 cm

**2** 7 cm 4 mm

**3** 2 cm 5 mm

**4** (しき) 50 mm−38 mm＝12 mm
  12 mm＝1 cm 2 mm
  (答え) 1 cm 2 mm

**5** 1 m 25 cm, 125 cm

**6** (1) 6 m 30 cm
  (2) 2 m 30 cm

**7** 11 m

**8** 2 m 70 cm, 270 cm

## ➡ ハイクラス

**1** (1) (よこ) 1 m 37 cm
   (高さ) 1 m 75 cm
  (2) 高さが 38 cm 長い。

**2** 1 m 31 cm

**3** (しき) 106 mm−7 cm 4 mm
  ＝3 cm 2 mm
  (答え) 3 cm 2 mm

**4** (しき) 25 cm 7 mm＋6 cm
  ＝31 cm 7 mm
  (答え) 31 cm 7 mm

**5** (しき) 15 cm 5 mm−9 cm
  ＝6 cm 5 mm
  (答え) 6 cm 5 mm

**6** (しき) 7 cm 2 mm−68 mm＝4 mm
  (答え) 7 cm 2 mm が 4 mm 長い。

**7** (しき) 186 cm−1 m 21 cm＝65 cm
  (答え) 65 cm

---

## 📖 指導のポイント

**1** ものさしをつなげている場面を考えさせます。
30+30+30+5 になることを理解させます。

**2** 図を見て, たし算の場面であることをとらえさせます。
同じ単位どうしをたし算させます。

**3** 違いがどこか, 図にかきこんで考えさせます。

**4** 1 cm＝10 mm を使って計算し, 指定された単位に直すとどうなるか考えさせます。

**5** 1 m のものさしと 30 cm のものさしで考えさせます。
単位の換算ができなければなりません。

**6** (1) もとの長さを求めることから, たせばよいことを理解させます。
(2) 違いを求めるので, ひき算の式になることを理解させます。

**7** 違いを求めるので, ひき算の式になることを理解させます。

**8** 1 m＋1 m＋70 cm の場面であることを理解させます。
100 cm＋100 cm＋70 cm でも考えさせます。

**1** (1) 横は, 1 m＋37 cm,
高さは, 1 m＋30 cm＋30 cm＋15 cm と考えます。
(2) 違いを求めるので, ひき算になることを理解させます。

**2** こうきさんの身長は, ゆうとさんの身長 1 m 27 cm より 4 cm 高いと考えます。

**3** 単位の換算ができるだけでなく, 100 mm が 10 cm という量の感覚も大切です。
**？ わからなければ** 7 cm 4 mm を 74 mm と考えると計算が楽にできます。

**4 5** 同じ単位どうしを計算します。
**？ わからなければ** テープやひもで実際の長さを作って具体的に操作したものと, 同じ単位どうしで計算したものが, 同じ長さになることを確かめさせます。

**6 7** 長さの差を求めます。
**？ わからなければ** 7 cm 2 mm を 72 mm, 1 m 21 cm を 121 cm と考えると計算が楽にできます。

# 10 かさ

p.46〜49

## ✓ 標準クラス

**1** (1) 30 dL
　　(2) 9 dL
　　(3) 4 dL，400 mL

**2** 40 dL

**3** えりさんが 1 dL 大きい。

**4** あわせた かさ 7 L 1 dL
　　かさの ちがい 1 L 5 dL

**5** (しき) 150+150+150+150=600
　　(答え) 600 mL

**6** (しき) 2 L 5 dL=25 dL
　　　　　 25−12=13
　　(答え) 13 dL

**7** (しき) 200 mL=2 dL
　　　　　 3 L+2 dL=3 L 2 dL
　　(答え) 3 L 2 dL

## ➡ ハイクラス

**1** (しき) 500 mL=5 dL　8+5=13
　　(答え) 13 dL

**2** (しき) 1 dL=100 mL　80+100=180
　　(答え) 180 mL

**3** (しき) 3 L−4 dL=2 L 6 dL
　　(答え) 2 L 6 dL

**4** (しき) 2500 mL=2 L 5 dL
　　　　　 7 L 5 dL−2 L 5 dL=5 L
　　(答え) 5 L

**5** (しき) 1500 mL=1 L 5 dL
　　　　　 1 L 8 dL−1 L 5 dL=3 dL
　　(答え) ポットの ほうが 3 dL 多い。

**6** (しき) 3×6=18　18 dL=1 L 8 dL
　　(答え) 1 L 8 dL

**7** (しき) 5×5=25
　　　　　 25−3=22
　　(答え) 22 dL

**8** (しき) 2×3=6　6 L=60 dL
　　　　　 60−(12+10+5)=33
　　(答え) 33 dL

---

## 📖 指導のポイント

**1** L から dL や mL などの，かさの単位換算ができるようにさせます。

**? わからなければ** 基本となる 1 L=10 dL，1 dL=100 mL，1 L=1000 mL などの単位換算を押さえてから，問題に取り組ませましょう。1 L，2 L，3 L，…と順に大きくして考えながら，単位を換算させるとよいでしょう。

**2 3** かさを L，dL の単位で表したときの大きさ比べをします。

**? わからなければ** 単位をそろえて考えさせます。単位をそろえたらその数だけに着目させます。

**4** 〜 **7** かさのたし算・ひき算をします。

**? わからなければ** かさの単位が違うので，単位をそろえて計算することが大切です。このとき，求めたい単位にそろえておくと，答えを求めやすいでしょう。
また，牛乳パック 1 L=1000 mL をもとに単位の大きさを考えるなど，身近にあるものの単位を確かめさせるとよいでしょう。

**1** 〜 **5** かさに関する文章から，何を求めるか明確にさせます。その後，文意を読み取り，適切なたし算やひき算の計算をして答えを求めさせます。

**? わからなければ** かさの単位が違うので，単位をそろえて計算させます。絵や図にして考えさせましょう。

**3** 3 L−4 dL=2 L 6 dL の計算は，次の 2 通りの方法があります。

3 L=30 dL　30 dL−4 dL=26 dL=2 L 6 dL
3 L=2 L 10 dL　2 L 10 dL−4 dL=2 L 6 dL

**6** 〜 **8** かさに関する文章を読み取り，かさの計算としては発展的なかけ算をさせます。

**? わからなければ** 例えば **6** の場合，3 dL のコップが 6 個ある場面をイメージさせるために下のような図をかき，かけ算で求められることを理解させましょう。

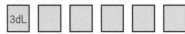

# 11 ひょうと グラフ

## 標準クラス

**1**
(1) ① 15
② 10
③ 5
④ 30
(2) 右の グラフ
(3) 5日間(かかん)

グラフ (right side):

| ○ | | |
|---|---|---|
| ○ | | |
| ○ | | |
| ○ | | |
| ○ | | |
| ○ | | |
| ○ | ○ | |
| ○ | ○ | |
| ○ | ○ | |
| ○ | ○ | ○ |
| ○ | ○ | ○ |
| ○ | ○ | ○ |
| ○ | ○ | ○ |
| ☀ | ☁ | ☂ |

**2**
(1) 10回(かい)

(2)

| 10 | | | | |
|---|---|---|---|---|
| 9 | | ○ | | |
| 8 | | ○ | | ○ |
| 7 | | ○ | ○ | ○ |
| 6 | ○ | ○ | ○ | ○ |
| 5 | ○ | ○ | ○ | ○ |
| 4 | ○ | ○ | ○ | ○ |
| 3 | ○ | ○ | ○ | ○ |
| 2 | ○ | ○ | ○ | ○ |
| 1 | ○ | ○ | ○ | ○ |
| | たいが | えいた | すみれ | みつき |

(3)

| 名前 | たいが | えいた | すみれ | みつき |
|---|---|---|---|---|
| 数 | 6 | 9 | 7 | 8 |

(4) えいた→みつき→すみれ→たいが

## ハイクラス

**1**
(1)

| じゅん番 | 1 | 2 | 3 | 4 | 5 |
|---|---|---|---|---|---|
| どうぶつ | 犬 | 小鳥 | ねこ | 金魚 | そのほか |
| 人数(人) | 9 | 8 | 7 | 6 | 3 |

(2)

| ○ | | | | |
|---|---|---|---|---|
| ○ | ○ | | | |
| ○ | ○ | ○ | | |
| ○ | ○ | ○ | ○ | |
| ○ | ○ | ○ | ○ | |
| ○ | ○ | ○ | ○ | |
| ○ | ○ | ○ | ○ | ○ |
| ○ | ○ | ○ | ○ | ○ |
| ○ | ○ | ○ | ○ | ○ |
| 犬 | 小鳥 | ねこ | 金魚 | そのほか |

**2**
(1) 41人

(2)

| 月 | 1 | 2 | 3 | 4 | 5 | 6 | 7 | 8 | 9 | 10 | 11 | 12 |
|---|---|---|---|---|---|---|---|---|---|---|---|---|
| 人数(人) | 3 | 6 | 1 | 5 | 7 | 3 | 1 | 5 | 4 | 2 | 1 | 3 |

**3**
(1) だいち
(2) (れい) ○を 下から きちんと ならべて あるから, ひとめで くらべることが できます。

---

### 📖 指導のポイント

**1** 表を, 一目でわかるように図にしたものがグラフです。表やグラフを用いるのは, 数量関係を調べたり, 比較したりするのに資料を見やすくするためですから, 項目に分類したり, 記録したりする作業をさせることが大切です。3年では棒グラフに発展しますので, 方眼の数が読めるような目盛りをつけ, 項目ごとにその数だけぬりつぶしていくのも有効です。

**2** (1) 1人の投げた結果を, 順番に記録した表であることを理解しなければなりません。1回ごとに○か×をつけることを理解すれば, 何回投げたか数えられます。入った印○と, 入らなかった印×を合わせると, 1人が10回ずつ投げたことがわかります。

**?わからなければ** 1回ずつ指で押さえながら, 入ったら○, 入らなかったら×を確認します。1回目, 2回目, …と確かめて, 全部で何回投げたか考えさせます。

(2) ○の数をまちがえないように1回ずつ確認しながらグラフをかきます。

(3) 作成したグラフを表にまとめます。

(4) (2), (3)で作成した表とグラフから読み取る問題です。

**1** (1) 表に表すときには, 多い順に整理しておくとよく分かります。「そのほか」には, 色々な動物が入っているので, 種類として考えないで最後にかくことを理解させます。

(2) グラフは, ○の大きさをそろえます。だから, 順に書いていくと簡単に比べられます。

**?わからなければ** 表とグラフの同じ動物を, 同じ色で囲むとわかりやすくなります。

**2** グラフは, 一目で比べられるのがよい点です。このグラフの○のかわりに子どもの顔を並べると絵グラフになります。○印は, 1人を表していることをしっかり理解させましょう。

(1) 月ごとの人数をすべて合わせた数が, 学級全員の人数です。

(2) グラフの○の数を見て, 表の数字を書くことを理解させます。

**3** グラフは○の大きさをそろえます。そして, 下から順に並べていけば, 上の端で比べられます。

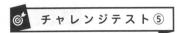

1 (1) 午後１時30分 (2) 午後４時20分
(3) ２時間50分 (4) 午後４時50分

2 (1)  (2)

(3) (4)

3 午後２時40分

4 (1) (しき) 15 cm 5 mm + 2 cm 3 mm
        = 17 cm 8 mm
    (答え) 17 cm 8 mm
  (2) (しき) 17 cm 8 mm + 15 cm 5 mm
        = 33 cm 3 mm
    (答え) 33 cm 3 mm

5 (1) (しき) 3 dL = 300 mL
        300 − (200+20) = 80
    (答え) 80 mL
  (2) (しき) 3×4 = 12    12 dL = 1 L 2 dL
    (答え) 1 L 2 dL

---

📖 指導のポイント

1 １時30分などのように，〇時ちょうどでない時計
を見て，時刻を読むとき，時計を見て反射的に読むこと
ができているか，確かめるようにしましょう。
(1) 長針と短針を区別するようにします。長針からは
「分」，短針からは「時」を読むことができているかをみ
ます。
❓わからなければ 問題の絵の長針を，１時のところまで，
逆まわりに戻したら，何時になるかを考えさせます。そ
こから５分ずつ長針を先に進めながら，声に出して
「１時５分，１時10分，……」といわせてみましょう。
(2) 問題の時計の絵の短針の位置から，４時を過ぎたと
ころと判断すればよいことに，気がつくようにします。
❓わからなければ 長針が１回りする間に，短針は次の数
字まで少しずつ進むことを，実物の時計で見せましょう。
(3) 読んだ時刻から時間を求める問題です。
❓わからなければ １時半から２時半，３時半と実際に時
計の針を動かして確かめましょう。
2 長針と短針の関係を考えて，長針と短針を区別して
かくようにします。
長針は，分を表すことから長針の位置を考えるようにし
ます。
短針の位置は，おおよその位置にかかれていれば，正解
とします。
❓わからなければ 紙面上では，針を動かすことができな
いので，理解しにくい場合があります。
そのようなときは，実物の時計を使って考えさせるのが
よい方法といえます。
3 午後２時15分の25分後の時刻を求める問題です。

4 １cm＝10mm を理解していなければなりません。
単位は何なのか正確にとらえて計算させます。
❓わからなければ 基本的な知識をもとに考えることが大
切です。
１m＝100cm，１cm＝10mm を正確に覚えているとと
もに，量の感覚をもつことが大切です。
(1) がくさんのへびとあかりさんのへびでは，どちらが
長いのか，問題文からとらえ，式を立てさせます。
絵や図にかいて考えさせましょう。

|← 15cm5mm →|← 2cm3mm長い →|
         (がく)         (あかり)

(2) (1)の答えを使って式を立てさせます。
cm，mmの単位に気をつけて計算させましょう。
また，mmからcmへの単位の換算も正確にさせること
が大切です。
5 １dL＝100mL を使って同じ単位のものどうしを考
えさせます。
❓わからなければ (1) 3dL＝300mL であることを図にか
いて具体的にイメージし，しょうゆ200mL，油20mL
であることを理解させましょう。

ドレッシング 3 dL

| しょうゆ 100mL | しょうゆ 100mL | す □mL |

しょうゆ 200mL                          あぶら 20mL

(2) 3dL が４つ分あることを図にすることで理解させま
しょう。

**①** (1)

| | | ○ | |
|---|---|---|---|
| | | ○ | |
| ○ | | ○ | |
| ○ | ○ | ○ | ○ |
| ○ | ○ | ○ | ○ |
| ○ | ○ | ○ | ○ |
| ○ | ○ | ○ | ○ |
| ○ | ○ | ○ | ○ |
| は る か | み さ き | ひ か る | あ お い |

(2) ひかる（さん）で，9回
(3) みさきさん　60点
　　ひかるさん　90点

**②** 7時25分

**③** （しき）1m30cm−45cm=85cm
（答え）85cm

**④** （しき）6cm+5cm5mm=11cm5mm
　　　　11cm5mm−10cm=1cm5mm
（答え）1cm5mm

**⑤** 大2L
　小9dL
　ちがい11dL

**⑥** （しき）3×9=27
　　　4L5dL=45dL　45−27=18
（答え）18dL

📖 指導のポイント

① (1) 輪投げの記録の表から，1人ずつの入った数を，落ちや重なりのないように数えることが大切です。
そのあとで，1人分ずつ入った数だけ，グラフに○を書くようにします。
○を使って表すグラフは，絵グラフと棒グラフの中間的なものです。
表・グラフそれぞれのよさを実感として，とらえることができるようにしましょう。
表…数値が直接とらえられる。
グラフ…数の大小・順序が一見して分かる。
❓わからなければ　1人分の列を色鉛筆で囲むと，数える場所がはっきりします。○を指で押さえながら数えたり，数えた○を斜線で消したりすると正確に数えられます。
(2) (1)のグラフがかけていれば，難しい問題ではありません。グラフでいちばん多い人を探して，○の数を数えます。
❓わからなければ　グラフ上で，○の数がいちばん多い人が，いちばんたくさんはいった人であることを教えて，理解させるようにします。
(3) グラフ上の「○1つが，10点」を理解することが大切です。得点が問われていることがわかれば10，20，…と数えていくことで，正確に得点を知ることができます。
❓わからなければ　グラフ上で，○を指で押さえながら10，20，30，…と声に出していっしょに数えるようにすると，考えやすくなります。
② 7時45分の20分前の時刻を求める問題です。

③ 長さに関するひき算の文章題です。
解答例では，式は，1m30cm−45cm=85cm となっていますが，実際の計算では，1m=100cm と換算して，130cm−45cm=85cm と計算します。
計算するとき，ものさしの目もりを使う方法，筆算形式の利用などにも，チャレンジしてみましょう。
❓わからなければ　1m=100cm の長さの単位に関しての基本的な換算が，理解できているか確かめるようにします。
④ 長さに関する文章題です。
2つのテープの長さの合計から，2つのテープをつないだときの全体の長さ10cmをひくと，のりしろの長さになります。
❓わからなければ　下の図を見て考えさせましょう。

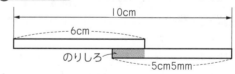

⑤ LますとdLますの数を数えることで，水のかさを求めることができます。
1L=10dL の関係を再確認し，単位が違っていても比べられるようにしましょう。
⑥ かさに関する文章題です。
まず，分けたジュースのかさが全部で何dLになるかをかけ算で求めます。
3×9=27 (dL)
4L5dL=45dL なので，27dLをひいて
45−27=18 (dL) となります。

# 12 三角形と　四角形 ①

p.58〜61

 標準クラス

**1** (1) ア，キ
(2) ケ，コ

**2** (1) 三角形　(2) 四角形　(3) 四角形

**3** (1)　　　(2)

（上の　図は　１つの　れいです）

**4** (1) ウ，カ
(2) イ，エ，オ
(3) ア，キ，ク

**5** (1) 直線で　かこまれて　いない。
(2) 辺と　辺が　つながって　いない。

 ハイクラス

**1** (1) ウ，エ，オ，キ，ケ，サ，ス，セ，チ
(2) ス，セ
(3) エ，オ，ケ，チ

**2** (1) 3こ　(2) 4こ　(3) 8こ

**3** (1)　　　(2)　　　(3)

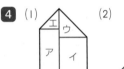

（上の　図は　１つの　れいです）

**4** (1)　　　(2)

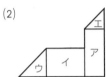

---

📖 指導のポイント

**1** 生活の中で，「さんかく」「しかく」としてとらえている形を，図形として定義します。直線で囲まれた形として，直線の本数で三角形と四角形に分けることを理解させます。

❓**わからなければ** 直線と直線がくっついていないと，中に入っているものを囲めないことや，曲がっていると直線でないことを，１つずつの図形について１本ずつ確かめながら考えさせます。

**2** ２つに折った折り紙を切り抜く体験をしたことのある場合は，広げたときのイメージをもちやすいです。(1)と(3)は形を想像しやすいのですが，(2)は広げると折り目に角がくることを，考えさせるようにします。

❓**わからなければ** 実際に２つ折りにした折り紙で，切りとって考えさせます。

**3** 問題の長方形をどこで切れば（どこに直線を引けば）三角形や四角形になるか，角の数を予想していろいろ考えさせます。

❓**わからなければ** 長方形を１本の直線で分けると，２つの図形に分けられることを確かめさせます。定規をあてて，２つの図形に分けて考えさせてもよいでしょう。

**4** ロケットのような形を組み立てている色板の１枚１枚に目をつけて，どんな形か考えさせます。

**5** 三角形と四角形の特徴に着目させ，三角形や四角形ではない理由を説明させます。

❓**わからなければ** 三角形と四角形の図を見せて，問題の図とどこが違うかを考えさせましょう。

**1** 直線だけで囲まれている形を選んだり，その形の中から，三角形や四角形を選び出します。直線は，まわりとの境界線になるだけではなく図形の辺になるので，すき間があったり，角が丸くなっていてはいけないことを理解させます。

**2** ぱっと見てわかる三角形だけではなく，２つの三角形を組み合わせて大きな三角形になるかどうか考えさせます。特に，(3)では向きを変えて三角形を組み合わせることに気づかせます。

❓**わからなければ** (1)から(3)まで少しずつ複雑になっています。(1)で，三角形２つを組み合わせて大きな三角形ができることを経験させます。この経験を手がかりに，(2)に(1)と同じところがないか考えさせます。
(3)では，元の三角形を２つに分けて，全体としてどうなるか考えさせます。

**3** 定規を動かさないようにして，直線を引かせます。頂点から引くかどうかで，元の図形を２つに分けてできた形が違ってきます。いろいろ考えてみましょう。

❓**わからなければ** 線を引く前に定規をあてたり，鉛筆を置いたりして，図形を２つに分けてみましょう。

**4** ４種類の形の色板で形を作ります。アとエ，イとウは，それぞれ辺の長さが同じになるところがあります。

❓**わからなければ** ウとエは直角二等辺三角形（２辺の長さが等しく，その間の角が90°の三角形）です。
実際に紙を切って，色板並べをさせるのもよい方法です。

# 13 三角形と　四角形 ②

p.62～65

## Ｙ 標準クラス

**1** (1) 長方形
(2) ア ちょう点，イ 辺
(3) 直角
(4) むかいあう　辺の　長さが　同じ
(5) 正方形
(6) 直角三角形

**2** イ，オ

**3** エ

**4** (1) 直角三角形
(2) 3つ
(3) 3つ
(4) ウ

## ➡ ハイクラス

**1** (1) 正方形　(2) 20 cm

**2** (1) 長方形　(2) 18 cm

**3** (れい)

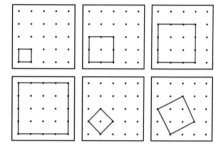

**4** 18こ

**5** (1) エと　カ，ウと　コ　(2) イと　ク

**6** (1) 4 cm　(2) 24 cm

---

## 📖 指導のポイント

**1** 形を構成する辺，頂点，角という用語を知り，その数や場所も学習します。また，長方形・正方形・直角三角形の性質を知り，分解してできる形を考えさせます。
**? わからなければ** 図にかき表し，矢印をつけて用語を覚えてから，問題に取り組ませましょう。用語の理解と暗記なので，何度も書かせるとよいでしょう。

**2 3** 図形の定義を理解して分類させます。定義は次のようになっています。
正方形の定義……すべての辺の長さが等しく，すべての角が直角である四角形。
長方形の定義……すべての角が直角である四角形。
**? わからなければ** 再度，図形の定義を確認させましょう。ものさしを使って実際に辺の長さを測らせたり，三角定規を使って直角かどうか調べさせたりするとよいでしょう。

**4** 直角三角形について，構成する部分の用語や数を学習します。
**? わからなければ** 上の**1**と同様に，用語の暗記なので，何度も書かせるとよいでしょう。頂点や辺の数は，実際に図へ指をあてて，数えさせるとよいでしょう。そのときに，頂点や辺の位置なども確認しながら，定着を促すことも大切です。(4)では，直角を意識させるため，方眼紙などに直角三角形を作図させることを勧めます。直角がどのような角であるか考えながら作図させると，意識的に辺と辺の交わり方を考えることができるでしょう。

**1 2** 正方形や長方形の特徴を理解させ，図形のまわりの長さを考えさせましょう。
**? わからなければ** 問題と同じ大きさの正方形，長方形を用意し，実際に辺の長さを測らせてみるとよいでしょう。

**3** 格子を使い，点と点を結んで，正方形を作図させます。違う大きさであることを意識させることが大切です。直角は縦と横だけでなく，斜めの線でもできることを理解させましょう。
**? わからなければ** 格子に斜めの線とそれに垂直な直線を引いて，直角になっていることを実際に確かめさせましょう。

**4** 複合図形の中から直角三角形を見つけさせます。
**? わからなければ** 大・中・小の3種類の直角三角形があることを知らせましょう。どの大きさの直角三角形がいくつあるか整理して数えさせましょう。

**5** 半分に分けられた長方形と正方形を，辺の長さに着目して，もとの長方形や正方形に戻させます。
**? わからなければ** ものさしを使って長さを測り，長方形や正方形の定義にあてはまる形を選ばせましょう。

**6** 正方形の性質のうち辺の特徴に着目させます。そして正方形が組み合わさった場合の長さを考えさせます。
**? わからなければ** 実際に図をかいて説明するとよいでしょう。どこの辺を測ればよいか考えさせましょう。

## 標準クラス

**1** ⑦ちょう点…8つ
   ④辺…12本
   ⑨面…6つ

**2** (1)エ (2)ウ (3)イ

**3** (1)8つ (2)12本

**4** (1)2つ
   (2)4cm
   (3)4つ
   (4)4cmと 8cm
   (5)8本
   (6)4本

## ハイクラス

**1** (1)8つ (2)4本 (3)4本
   (4)2つ (5)3cmと 4cm

**2** ア, ウ, オ, カ

**3**

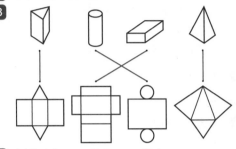

**4** (1)①10cm ②8cm ③4cm
   (2)エ (3)ソ, チ

---

📖 指導のポイント

**1** 立体図形の構成要素の名称と数を確認させる問題です。さいころやティッシュペーパーの箱を思い浮かべて考えさせます。

**❓わからなければ** ティッシュペーパーの箱を手にとって,確認させましょう。

**2** さいころ,ティッシュペーパー,ラップの箱から,その展開図を考えさせます。

**❓わからなければ** 実際に箱を手元に置いて,展開図と比較して選択させましょう。さらに進めて,箱を切り開いて,ア～オの図と比較させましょう。

**3** 立体図形の構成要素の数を確認させる問題です。箱の形に共通する構成要素の数を理解させます。

**❓わからなければ** さいころを見ながら,頂点の数や辺の数をチェックして確認させましょう。

**4** 立体図形の構成要素の面の形と大きさと数,辺の長さと本数を理解させます。この場合,見えない位置の面の大きさと辺の長さを考えさせることが大切です。

**❓わからなければ** ラップの箱を用いて,見えない位置の面の大きさや辺の長さを見えている面や辺と比較して考えさせましょう。そして,同じ大きさの面や同じ長さの辺がどこにいくつあるのか調べさせましょう。

**1** 立体図形の構成要素の数とその大きさを確認させます。ひごと粘土玉と板でつくられた箱の問題ですが,ティッシュペーパーの箱をイメージして考えさせます。

**❓わからなければ** 粘土玉の位置は,ティッシュペーパーの箱ではどの位置になるのか確認して,その数を考えさせます。また,向かい合っている面の大きさはどのようになっているか,確認させましょう。

**2** さいころの展開図を考える問題です。問題以外の展開図も考えさせます。

**❓わからなければ** 問題の図を組み立てた形をイメージさせましょう。さらに,問題の図を実際に切り取り,組み立てさせましょう。

**3** 立体とその展開図の関係を考えさせます。各立体図形の面の形や数などの特徴を,展開図の中に見つけて解決させます。円柱については,底面が円ということから,展開図に円が2つあることを理解させます。

**❓わからなければ** 三角柱と三角錐の違いを,底面の数の違いと,側面の形が長方形なのか三角形なのかから考えさせましょう。

**4** 立体図形の構成要素の大きさや位置関係を理解させます。頂点の重なりは,展開図を組み立てた形をイメージして考えさせます。

**❓わからなければ** ティッシュペーパーの箱を切り開いて,問題の展開図をつくり考えさせます。また,頂点についても,どの頂点とどの頂点が重なるか調べさせましょう。

1 (1)ア，エ，オ
(2)ウ，ク，ケ
(3)イ，カ，キ

2 (1)20 cm
(2)11 cm

3 (1)3cmの　ひご8本，
　　8cmの　ひご4本，
　　ねん土玉8こ
(2)2つ

4 (1)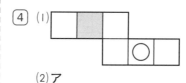
(2)ア

---

📖 指導のポイント

1 直線で囲まれた形の中で，直線の数が3本のものは三角形，4本のものは四角形です。
条件にあてはまらないものは，三角形でも四角形でもありません。
❓わからなければ 角が丸いものは，「直線で囲まれた形」ではないことを理解させます。
日常的な「さんかく」「しかく」は，かどが多少丸みがあっても，へりが曲がっていてもよいけれど，「三角形」「四角形」の用語を使うときには，見た目の判断では許容できません。構成要素（頂点・辺）で弁別されることを理解させましょう。
また，「直線で囲まれた」というときには，閉じた形をいうことをしっかりとおさえるようにしましょう。

2 長方形は，向かい合った2つの辺の長さがそれぞれ等しい四角形です。
(1)は，まず，横の長さを求めさせてから，まわりの長さを求めさせます。
(2)は，縦の長さ2つ分の長さは 4×2＝8 (cm) なので，30-8＝22 (cm) が横2つ分の長さになります。
11+11＝22 (cm) より，22cmは11cmの2つ分となるので，横の長さは11cmです。

3 立体図形の構成要素の数とその大きさを考えさせる問題です。
辺や頂点の数，面の数や面の形を確認させましょう。
❓わからなければ (2)は，立体の辺の長さに着目し，面の形を考えさせましょう。

4 立体図形の向かい合う面について，展開図の位置から考えさせます。
❓わからなければ (1) 下のような展開図をかき，実際に箱を作って，向かい合う位置にある面を調べてみましょう。

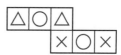

同じ印のある面が，向かい合う面になることがわかります。

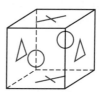

1 (1)4こ　(2)4こ
(3)7こ　(4)6こ

2 (れい)

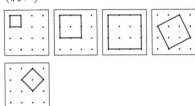

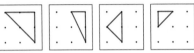

3 (れい)

4 56cm

5 エ

6

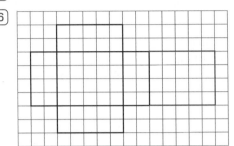

━━━ 📖 指導のポイント ━━━

1 三角形をどのように組み合わせてできるのかを，かどの形や辺の長さを比べて考えさせる問題です。下の図のように，問題の形に線をかき入れて，三角形の数を数えさせます。

(1)　(2)

(3)　(4)

❓わからなければ　実際に同じ大きさの三角形をつくって，問題の形になるように，色々と組み合わせてみましょう。

2 格子の点を使って，正方形を作図させます。
正方形の定義「4つのかどがみな直角で4つの辺の長さもみな同じ四角形」をもとに，かどがすべて直角であることと，4辺をすべて同じ長さにすればよいことを用いて，作図させます。
小さいものから大きいものへ，縦と横から，傾いたものへと考えさせましょう。

❓わからなければ　三角定規を使って直角を確認させます。辺の長さは，格子の点の数から確認させましょう。

3 格子の点を使って，直角三角形を作図させます。
大きさや形の違う直角三角形をかかせましょう。
1つの直角三角形を，位置や向きを変えたものではいけません。
どこに直角をもってくるか決めてから作図させましょう。

4 立体図形の構成の要素の数を考えさせる問題です。問題の立体の辺の長さを確認させ，何cmのひごが何本ずつ必要なのかを考えさせ，必要なひご全部の長さを求めさせます。

❓わからなければ　ひごと粘土玉で箱の形を作るとき，ひごは全部で何本必要なのかを考えさせます。そのあと，問題の図から何cmのひごが何本ずつ必要なのかを考えさせましょう。

5 さいころの展開図を考える問題です。
❓わからなければ　問題の図を組み立てた図をイメージさせましょう。さらに，問題の図を実際に切り取り，組み立てることで，さいころの形ができない展開図を見つけさせましょう。

6 箱の形の展開図を考える問題です。
❓わからなければ　問題の図を組み立てた図をイメージさせましょう。さらに，問題の図を実際に切り取り，組み立てることで，箱の形を作るときにたりない面はどの面なのかを確認させましょう。

# 15 いろいろな もんだい ①

p.74〜77

## ▼ 標準クラス

**1**

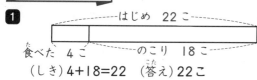

はじめ 22 こ
食べた 4 こ　　　　のこり 18 こ
（しき）4+18=22　（答え）22こ

**2**

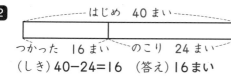

はじめ 40 まい
つかった 16 まい　　のこり 24 まい
（しき）40−24=16　（答え）16まい

**3** (1)

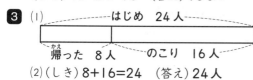

はじめ 24 人
帰った 8 人　　　　のこり 16 人
(2)（しき）8+16=24　（答え）24人

**4** (1)

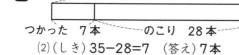

はじめ 35 本
つかった 7 本　　　のこり 28 本
(2)（しき）35−28=7　（答え）7本

## ➡ ハイクラス

**1** （しき）9+26=35
（答え）35本

**2** （しき）35−18=17
（答え）17ふくろ

**3** （しき）35+62=97
（答え）97ページ

**4** （しき）63−47=16
（答え）16こ

**5** （しき）80−43=37
（答え）37こ

**6** （しき）1000−540=460
（答え）460円

**7** （しき）9+16+24=49
（答え）49こ

**8** （しき）45+65+50=160
（答え）160cm

---

## 📖 指導のポイント

**1** 問題文に書かれている数字からあてはめていきます。求めるものが「はじめの個数」なので，「残りの個数」と「食べた個数」をたせばよいことがわかります。

**2** 問題文に書かれている数字からあてはめていきます。求めるものが「使った枚数」なので，「はじめの枚数」から「残りの枚数」をひけばよいことがわかります。

**3** (1) 問題文に書かれている数字からあてはめていきます。求めるものが「はじめの人数」なので，「帰った人数」と「残りの人数」をたせばよいことがわかります。
**?わからなければ** **1** の図を参考にして，テープ図に表せばよいことをアドバイスしましょう。

**4** (1) 問題文に書かれている数字からあてはめていきます。求めるものが「使った本数」なので，「はじめの本数」から「残りの本数」をひけばよいことがわかります。
**?わからなければ** まず，「はじめの量」についての図をかき，そこに「減った量」，「残りの量」を加えていきます。

**1** 求めるものは「はじめの本数」なので，「食べた本数」と「残った本数」をたして求めます。

**2** 求めるものは「使ったふくろの数」なので，「はじめのふくろの数」から「残ったふくろの数」をひいて求めます。

**3** 求めるものは「全体のページ数」なので，「読んだページ数」と「残っているページ数」をたして求めます。

**4** 求めるものは「あげた個数」なので，「はじめの個数」から「残った個数」をひいて求めます。

**5** 求めるものは「売れた個数」なので，「はじめの個数」から「残った個数」をひいて求めます。

**6** 求めるものは「使った金額」なので，「はじめの金額」から「残った金額」をひいて求めます。

**7** 求めるものは「はじめの個数」なので，「昨日食べた個数」と「今日食べた個数」と「残った個数」をたして求めます。

**8** 求めるものは「はじめの長さ」なので，「かほさんが切った長さ」と「しおりさんが切った長さ」と「残った長さ」をたして求めます。

**1**〜**8** 図に表して考える場合は，まず，「はじめの量」についての図をかき，そこに「減った量」，「残りの量」を加えていきます。

# 16 いろいろな もんだい ②

**1** (しき)75+98=173
(答え)173円

**2** (しき)42−29=13
(答え)13こ

**3** (しき)6×7=42
(答え)42まい

**4** (しき)2L=2000mL
2000−900=1100
(答え)1100mL

**5** (しき)50−18=32
(答え)32まい

**6** (しき)19+37=56
(答え)56こ

**7** (しき)4×8=32
(答え)32本

**8** (しき)3m=300cm　300−120=180
(答え)180cm

## ハイクラス

**1** (しき)22−13=9　9+17=26
(答え)26まい

**2** (しき)3×4=12　12−2=10
(答え)10こ

**3** (しき)1L200mL=1200mL
1200−500=700
1200+700=1900
1900mL=1L900mL
(答え)1L900mL

**4** (しき)2m45cm=245cm
85+245+65=395
(答え)395cm

**5** (しき)7×3=21　78−21=57
57+7=64
(答え)64台

**6** (しき)8×3=24　24−8=16
(答え)16こ

---

## 📖 指導のポイント

**1** 求めるものが「合わせた金額」なので，2人の持っている金額をたせばよいことがわかります。

**2** 求めるものが「ボールの数のちがい」なので，「赤いボールの個数」から「青いボールの個数」をひけばよいことがわかります。

**3** 7倍なので，やまとさんが持っている枚数の7つ分となります。

**? わからなければ** ●の△倍は，「●×△」とかけ算の式に表します。おはじきなどを用意し，実際に操作させることで，倍の計算を理解させるようにしましょう。

**4** 1L=1000mL に注意して，単位をmLにそろえてから計算しましょう。

**5** 求めるものは「使った枚数」なので，「はじめの枚数」から「残った枚数」をひいて求めます。

**? わからなければ** テープ図に表して考えましょう。

**6** 求めるものは「はじめの個数」なので，「食べた個数」と「残った個数」をたして求めます。

**7** 4本ずつ8人にくばるので，かけ算になります。

**8** 1m=100cm に注意して，単位をcmにそろえてから計算しましょう。

**1** まず，食べたあとの枚数を求め，次に買ったあとの枚数を求めましょう。

**2** まず，青色のボールの個数を求め，次に黄色のボールの個数を求めます。

**3** 単位をmLにそろえなくても計算できますが，わかりにくい場合は，1L=1000mL に注意して，一度，単位をmLにそろえてから計算させます。最後に単位を○L△mLに直すことを忘れないようにアドバイスしましょう。

**4** 2回切り取っているので，「残った長さ」と「先に切った長さ」と「後で切った長さ」をたして求めます。

**5** まず，入ってきた車の数を求めます。次に，「はじめ」→「7台出た」→「21台入った」→「78台」の順に台数が変わることを確かめてから，計算します。

**? わからなければ** 場面がイメージできるように，順を追って考えさせましょう。

**6** まず，ゆりさんの持っているおはじきの数を求め，それから持っているおはじきの数の差を求めます。

# 17 いろいろな もんだい ③

p.82〜85

## ▽ 標準クラス

**1** (1) 6つ
　　(2) 43
**2** (1) 4まい
　　(2) 25まい
**3** 8本
**4** 73cm
**5** 4円

## ➡ ハイクラス

**1** 67
**2** 58
**3** 64こ
**4** 54cm
**5**

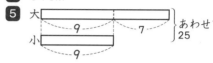

　　9
**6** 40円

---

📖 指導のポイント

**1** (1) となりの数との差を計算すると，7−1=6，13−7=6 なので，6ずつ増えていることがわかります。
(2) 8番目の数字は，1に6を，8−1=7（回）加えたものです。
❓ **わからなければ** 2番目は6を1回たした数，3番目は6を2回たした数，…と順番に考えましょう。

**2** (1) 1番目の図形と2番目の図形，2番目の図形と3番目の図形をそれぞれ比べて，増えたタイルに印をつけて増えた枚数を考えましょう。
(2) タイルは4枚ずつ増えているので，7番目の図形のタイルの枚数は，1に4を，7−1=6（回）加えた枚数です。

**3** 旗と旗の間の数は，旗の数より1少なくなることに注意しましょう。赤い旗の数は9本なので，赤い旗と赤い旗の間の数は8です。
❓ **わからなければ** 3本など少ない本数で図をかき，間の数は旗の数より1少ないことを確認しましょう。

**4** 花と花の間の数は，花の本数より1少なくなります。花と花の間の長さを求めた後，左端から1本目の花までの長さと，10本目の花から右端までの長さをたすと，花壇の長さが求められます。

**5** あめの数はどちらの場合も2個なので，代金の差，28−24=4（円）は，ガム，5−4=1（個）分の値段になります。よって，ガム1個の値段は4円です。
❓ **わからなければ** 下のように，同じものを消して，値段の差と個数の差を見つけましょう。

　あめ あめ ガム ガム ガム　24円
　あめ あめ ガム ガム ガム ガム　28円

**1** となりの数との差を計算すると，11−4=7，18−11=7 なので，7ずつ増えていることがわかります。10番目の数字は，4に7を，10−1=9（回）加えたものです。

**2** となりの数との差を計算すると，100−97=3，97−94=3 なので，3ずつ減っていることがわかります。15番目の数字は，100から3を，15−1=14（回）ひいたものです。

**3** 1番目で並ぶ黒石の個数は1個。2番目では，2×2=4（個），3番目では，3×3=9（個）並んでいます。よって8番目では，8×8=64（個）です。

**4** 輪の状態のものを切ると，切る回数と切ってできたリボンの個数は同じになることに注意しましょう。

**5** 和と差の問題では，図をかいて考えます。答えの図から，小さい方の数の2つ分が，25−7=18 だとわかるので，小さい方の数は9です。

**6** **5** のような図をかいて考えましょう。りんごの数がどちらも6個なので，代金の差，660−620=40（円）は，みかん，6−5=1（個）の代金とわかります。
❓ **わからなければ** **5** のような図で，同じものを消して考えましょう。

1　(しき) 18−4=14
　　　　　14+9=23
　(答え) 23人

2　(しき) 4×7=28
　　　　　28−13=15
　　　　　4+28+15=47
　(答え) 47まい

3　139

4　81まい

5　あめ5円, ガム7円

6　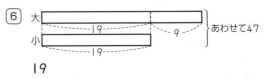
　19

---

📖 指導のポイント

1　たし算とひき算の文章題です。
人数の変化に着目して, はじめに乗っていたバスの乗客の人数を求めます。場面設定を理解し, 順を追って計算できるようにさせましょう。
❓わからなければ 「はじめの人数」→「9人おりた」→「4人乗った」→「18人」の順に人数が変わることを, おはじきなどを使って実際に操作させることで理解させましょう。

2　かけ算, ひき算, たし算の文章題です。
❓わからなければ まず, それぞれの折り紙の枚数を順に求めさせてから, 全部の折り紙の枚数を合わせましょう。
赤色の折り紙…4枚
青色の折り紙…赤色の折り紙の7倍だから,
　　　　　　　4×7=28(枚)
黄色の折り紙…青色の折り紙より13枚少ないから,
　　　　　　　28−13=15(枚)

3　規則性を考えて, 数を求める問題です。
並んでいる数字を確認し, となりの数との差を計算すると, 11−3=8, 19−11=8 なので, 8ずつ増えていることがわかります。18番目の数字は, 3に8を,
18−1=17(回) 加えた数です。

4　図形の規則性を考える問題です。
1番目の図形と2番目の図形, 2番目の図形と3番目の図形に使われているタイルの数を, それぞれ比べて考えましょう。
1番目の図形は1枚, 2番目の図形は1番目の図形の下に3枚加わり, 3番目の図形は2番目の図形の下に5枚加わっているので, 9番目の図形は1番目の図形1枚の下に, 3枚, 5枚, 7枚, 9枚, 11枚, 13枚, 15枚, 17枚と加わると考えられます。よって, 枚数は,
1+3+5+7+9+11+13+15+17=81(枚) です。

5　代金を求める問題です。
あめの個数は, どちらの場合も1個なので, 代金の差, 26−19=7(円) は, ガム 3−2=1(個) 分の値段になります。よって, ガム1個は7円。ガム2個の値段は, 7×2=14(円)。よって, あめ1個の値段は, 19−14=5(円) です。
❓わからなければ 解答p.25 5 で示したような図をかいて考えましょう。

6　2つの数の和と差から, 小さい方の数がいくつになるかを考える問題です。
図から, 小さい方の数の2つ分が, 47−9=38 だとわかるので, 小さい方の数は19です。

1　(しき) 36+17=53
　　　　　　53−45=8
　　(答え) 8まい

2　(しき) 700mL+700mL=1400mL
　　　　　　1400mL−200mL=1200mL
　　　　　　1200mL+700mL=1900mL
　　　　　　1900mL=1L900mL
　　(答え) 1L900mL

3　51

4　(1) 16cm
　　(2) 36cm

5　56cm

6　もも 300円，りんご 100円

📖 指導のポイント

1　たし算，ひき算の文章題です。
クッキーの枚数の変化に着目して，食べた枚数を求めます。場面設定を理解し，順を追って計算できるようにさせましょう。クッキーの結果の枚数 (45枚) に着目して，逆に追って計算する考え方もあります。
45−17=28，36−28=8 のように計算します。
❓わからなければ 「36枚」→「何枚か食べた」→「17枚買った」→「45枚」の順に枚数が変わることを，おはじきなどを使って実際に操作させ，場面設定を理解させましょう。

2　かさの文章題です。
まず，お茶のかさを求めさせてから，お茶とジュースのかさを合わせます。合わせたかさは，1L=1000mL を使い，単位換算させましょう。
❓わからなければ ジュースの2倍のかさは，
700+700=1400 (mL) です。
お茶はこれより200mL少ないので，お茶のかさは，
1400−200=1200 (mL) です。

3　規則性を考えて，数を求める問題です。
並んでいる数字を確認し，となりの数との差を計算すると，150−141=9，141−132=9 なので，9ずつ減っていることがわかります。
12番目の数字は，150から9を，12−1=11 (回) ひいた数であることがわかります。

4　図形の規則性を考える問題です。
(1) 実際に4番目の図形をかいて，周りの長さを求めます。1cmの辺が16本あるので，16cmです。
(2) 1番目，2番目，3番目の図形についても，(1)と同じようにして周りの長さを求めると，順に，4cm，8cm，12cmとわかります。このことから，○番目とまわりの長さとの間の規則に気づかせましょう。
❓わからなければ ○番目と，周りの長さの関係を表などにして，「4は1の何倍かな？」などと，「○番目×4=周りの長さ」を気づかせましょう。

5　切る回数と，切ってできたものから，もとの長さを求める問題の，応用問題です。
❓わからなければ ひもなどを用意して，実際に切って確かめてみましょう。棒の状態のものを切ると，切ってできた部分の個数は切った回数より1多くなることに注意しましょう。

6　和と差を使った問題です。
下のような図をかいて考えましょう。下の図から，りんごの値段2つ分が，400−200=200 (円) だとわかるので，りんごの値段は100円，ももの値段は，
100+200=300 (円) です。

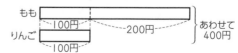

**1** (1)午後2時20分
(2)午後3時10分
(3)午前11時20分

**2** (1)8
(2)37

**3** (しき)1m53cm−38cm+10cm
　　　　　=1m25cm
(答え)1m25cm

**4** (しき)9+25+9+25+12=80
(答え)80cm

**5** (しき)1000−950=50
　　　　865+50=915
　　　　1000−915=85
(答え)ちょ金915円，あと85円

**6** 1090, 632

**7** 2, $\frac{1}{4}$

---

📖 指導のポイント

**1** 時計の問題です。時刻を読むだけでなく，時刻の推移を場面に合わせて考えます。長針と短針の関係が理解できていればわかりやすい問題です。

また，午前・午後について理解していることも大切です。

(1) 30分たつと，短針・長針はどのように動くか考えます。

(2) 1時間たつと，長針は1回りします。短針はどれだけ動くか理解していなければなりません。

実際に時計を動かして確認しましょう。

(3) 今の時刻より〇時間〇分前の時刻を考えるのは，あとの時間を考えるよりも難しい問題ですが，長針と短針の回る方向や，どのように動くかを理解していれば，求めることができます。

❓**わからなければ** 実際の時計で針を動かし，時間の経過をとらえるようにすれば，時刻を知ることができます。長針と短針の回る方向や，長針が1回りすると1時間たち，その間に，短針がどのように動くかなどを，学習するようにします。

**2** 問題文を声に出して読ませてみましょう。

(1) バスのお客さんが，「おりました」「のってきた」から，増えたのか減ったのかを把握します。

(2) 「2こずつ18人」「のこりました」を理解させます。

❓**わからなければ** ブロックやおはじきなどを操作させて考えさせるとよいでしょう。

**3** 数字の出てくる順番に計算すると，
1m53cm−38cm+10cm=1m25cm ですが，
1m53cm+10cm−38cm=1m25cm
1m53cm+10cm は，わたしが台にのぼったときと考えることもできます。

多様に考えることができるようにしましょう。

❓**わからなければ** 問題場面を絵や図にかいて考えさせます。

**4** 箱を，縦(36cm)，横(25cm)と考えたとき，リボンでくくるのは，横の長さになります。

だから，たての長さ36cmは関係ないことを読み取ることが大切です。

高さが左右2か所，横幅が上下2か所，それに結び目を加えます。

繰り上がりのあるたし算です。繰り上がりを忘れないように気をつけさせましょう。

❓**わからなければ** 実際に箱を用意し，リボンでくくってみましょう。

**5** 2つの質問に答える問題です。

何をたずねているのかをしっかり読み取り，1つずつ解決します。

「1000までの数」の計算で，繰り上がりや繰り下がりがあります。

❓**わからなければ** 具体的に，お金のやりとりをして解決させます。

**6** 長さの文章問題です。

❓**わからなければ** 道のりの計算であっても，単位が同じときは，単位を除いて計算できることを理解させましょう。

**7** もとにする大きさと，比べる大きさをはっきり区別して考えさせます。

この問題の場合，比べるときは，同じ形(□)がいくつあるかではなく，もとの形がいくつ分あるかを考えさせましょう。

❓**わからなければ** もとにする大きさに色をつけて，比べる大きさと区別して考えさせます。

比べる大きさは，もとになる大きさのいくつ分になるか，もとになる大きさを1つ分として，色をつけていくつ分か考えさせます。

1 （しき）3×9＝27
　　　　27＋16＝43
　（答え）43こ

2 (1)40dL→3000mL→2L
　(2)4L→3L8dL→30dL→2L3dL

3 (1)（しき）8×9＝72
　　（答え）72こ
　(2)（しき）8×9＋8＝80
　　（または，8×10＝80）
　　（答え）80こ

4 （しき）1000＋260＝1260
　（答え）1260まい

5 （しき）425＋446＋33＝904
　（答え）904人

6 （しき）10×8＝80　80＋650＝730
　（答え）730円

7 （しき）2400－（680＋750）＝970
　（答え）970m

8 （しき）1L5dL＋6dL＝2L1dL
　　　　1L5dL－3dL＝1L2dL
　　　　1L5dL＋2L1dL＋1L2dL
　　　　＝4L8dL
　（答え）4L8dL

---

📖 指導のポイント

1 問題をよく読んで，3個ずつ9人分の角砂糖の数を求めさせます。
いくつ使ったのかわかれば，角砂糖の総数を求めることができます。
❓わからなければ 絵をかいてブロックなどを置き，問題場面を正確にとらえられるようにします。
3個ずつ9人なので，3×9です。
問題文に出てきた順に，9×3とまちがえないように，注意しましょう。

2 かさを，mL，L，dLの3つの単位で表したときの大きさを比べ，大きい順に並べる学習をさせます。
1L＝10dL，1L＝1000mL であることを確認します。
1dL，1L，1mLの体積について，およその見当をつけたり，身の回りのもの(空きびんやペットボトル)に入る水の量を実際に測ってみたりといった活動で，量感を身につけておくことが大切です。
❓わからなければ 単位をそろえて考えさせるとよいでしょう。
1つの単位に直すことで，数の大きさに着目することができます。

3 かけ算で表された場面は，「同じ数ずつ」「いくつ分」を表していることを理解していなければなりません。
かけ算の式をたし算で考える，たし算の式をかけ算の式で考える，あるいは，かけ算九九の仕組みを理解して考えます。
❓わからなければ 実際に場面を絵にして考えるとイメージしやすいでしょう。

4 100が10個で1000，10が10個で100になることを，理解していなければなりません。
❓わからなければ 百円玉や十円玉を使ったり，位取りの表に，数字を書かせたりして考えさせてもよいでしょう。

5 3つの数のたし算の文章問題です。
繰り上がりに気をつけて，3つの数を順にたし算します。

6 2けたの数と1けたの数のかけ算をします。
かけ算九九をもとにして考えることもできますが，10×8は，10が8つあることから，80だと答えを求めることができます。
「合わせて」なので，たし算をしますが，ここでも，繰り上がりに気をつけさせましょう。
❓わからなければ 実物のお金を使って問題場面を考えさせるようにします。

7 長さの問題ですが，単位が同じなので，たし算ひき算の問題として考えることができます。
❓わからなければ 2つの数の計算で順番に考えさせてもよいでしょう。

8 問題をよく読んで，それぞれが飲んだ牛乳の量を求めさせます。
それぞれが飲んだ牛乳の量がわかれば，3人が飲んだ総量を求めることができます。

① (1) 木曜日（もくようび）
　(2) (しき) 8−2=6
　　 (答え) 6人
　(3) 8>4>2

② 962, 926, 692, 629, 296, 269
　　　○　　　　　　　　　　　△

③ (しき) 8+8+8+8=32
　 (答え) 32cm

④ (しき) 25−8+9=26
　　　　 25+(9−8)=26
　 (答え) 26まい

⑤

|  | ⑦ | ⑦ | ⑨ |
|---|---|---|---|
| cmとmmで | 1cm5mm | 5cm | 9cm2mm |
| mmだけで | 15mm | 50mm | 92mm |

⑥ (しき) 6×9=54
　　　　 3×8=24
　　　　 54−24=30
　 (答え) 30こ

⑦ (1) ア, イ, エ, オ, キ, ク, ケ
　(2) ア, エ, キ, ク
　(3) イ, オ, ケ
　(4) ア, エ, オ

⑧ (しき) (65+6)−(19+43)=9
　 (答え) 9m

⑨ (しき) 1000−200=800
　 (答え) 800円

---

📖 指導のポイント

① 何を表したグラフなのかを理解しなければなりません。グラフの数字は何を表しているのか、●の意味は何なのかがわかっていれば難しくありません。
(1) ●が3つの曜日を探します。
(2) いちばん多い●は月曜日の8、いちばん少ない●は水曜日の2ですから、その差を求めます。
(3) 数の大小関係を「>」「<」を用いて表現します。

❓ わからなければ 問題文を読んで、1つずつ指で押さえながら数えたり、大切なところを色で囲んで考えさせたりするとよいでしょう。

② 3枚のカードの並べ方を順序よく考えます。そして、いちばん大きい位から順に、大きさ比べをすることを理解して、位ごとに考えるようにします。

③ 正方形のまわりの長さを求める問題です。
正方形は4つの辺の長さがすべて等しい四角形です。4つの辺の長さをすべてたすと、まわりの長さが求められます。

④ 3つの数の計算問題です。
順々に考えるだけでなく、「8枚あげて、9枚もらった」ということは、「1枚増えた」と考えられることが大切です。（ ）を使うと計算も簡単にできます。

❓ わからなければ 絵や図をかいたり、おり紙をブロックやおはじきに置き換えて、操作して考えさせましょう。

⑤ ものさしの目盛りを読む問題です。
1cm=10mm を使って、2つの表し方をします。

⑥ かけ算を用いる場面です。
アイスクリームの数は「1箱6個入り」「9箱」、食べた数は「1人3個ずつ」「8人分」を用いてそれぞれ求めさせましょう。

⑦ 生活の中で、「さんかく」「しかく」としてとらえている形を、図形として定義します。
直線について学習し、直線で囲まれた形として、直線の本数で三角形と四角形に分けることを理解させます。
同時に、身の回りから、角の形が直角であるものを見つけたり、紙を折って直角を作ったりするなどして、直角の意味をとらえられるようにします。

⑧ 長さの問題ですが、単位が同じなので、たし算、ひき算の問題として考えることができます。
繰り上がり繰り下がりに気をつけさせましょう。

❓ わからなければ 2つの数の計算で順番に考えさせてもよいでしょう。

⑨ 問題文をよく読み、必要な数字を抜き出すことが大切です。
「60円おまけ」はいくらで買ったかには関係ありません。
問題場面の把握がしっかりできるようにしましょう。